Health Book
健康大讲堂系列

WISE DIET KEEPS ILLNESS AWAY

不生病的饮食智慧

霍军生 主编
中国疾病预防控制中心营养与食品安全所研究员、博士生导师

重庆出版集团 重庆出版社

图书在版编目（CIP）数据

不生病的饮食智慧／霍军生 主编 .－重庆：重庆出版社，2009.3

（健康大讲堂系列）

ISBN 978-7-229-00495-8

Ⅰ．不… Ⅱ．霍… Ⅲ．食物疗法－菜谱 Ⅳ．TS972.161

中国版本图书馆 CIP 数据核字（2009）第 030239 号

Health 健康大讲堂 | 02

不生病的饮食智慧

出 版 人：罗小卫　　**策　　划**：华章同人

责任编辑：陈建军　　**特约编辑**：解鲜花　赵卫平　宋冬雪

装帧设计：韩少杰　夏　鹏　　**制　　作**：（www.rzbook.com）

重庆出版集团
重庆出版社 出版

（重庆长江二路205号）

廊坊市兰新雅彩印有限公司 印刷

重庆出版集团图书发行公司 发行

邮购电话：010-85869375/76/77转810

E-MAIL：sales@alphabooks.com

全国新华书店经销

开本：787mm×1092mm　1/16　印张：14　字数：186千字

版印次：2009年5月第1版　2009年5月第1次印刷

定价：29.80元

FOREWORD

序 营养和健康是我们自身的责任

有谁不希望健康而快乐地生活呢？可惜，我们许多无意间的不良生活行为，尤其是饮食行为，常常导致事与愿违。无论是中国传统的养生理论，还是现代的食品与营养科学，都积累了丰富的健康知识。这些健康知识对维护我们的身体健康有很大的帮助，只是大多数人并没有系统地学习过它们。因此，传播这些知识就成为营养与健康工作者当仁不让的责任。

食物与营养是健康的基石。食物中所含的有些物质是维持我们生命活动的最基础的营养素，摄入不足或摄入过多都会影响身体健康；有些物质则有助于预防某些疾病的发生，有助于维护身体健康和延缓衰老过程。这些物质都被称为营养物质。人体必需的营养素有近50种，缺一不可，而非必需却对健康有益的营养素则数不胜数。没有一种天然食物能满足人体全部的营养物质需求。只食用几种比较单调的食物，根本不能满足人体对营养物质的需要，进而产生健康问题。与集中食用某些特定食物或补充营养成分相比，在日常生活中合理安排膳食对健康更为重要。因此，日常膳食必须由多种食物组成，满足人体对食物多样化的需要。

目前，虽然营养性疾病导致的直接死亡正在被逐步控制，但是因为不良膳食习惯引起的营养不良，仍然是病原性疾病和慢性非传染性疾病的根源。营养不良不仅导致健康问题，同时也会通过影响人群受教育的能力和劳动能力而影响人的综合能力，从而对社会发展和经济发展产生严重的负面影响。为此，联合国提出“享有充分营养是人与生俱来的权利”等观念。但归根究底，营养和健康首先是我们自身的责任。

中国疾病预防控制中心营养与
食品安全所研究员、博士生导师

Contents 目录

Part 1 解读 中华食疗智慧

Part 2 合理膳食 及时预防 远离四季常见病

■ 专家教你控制四季易发慢性病

■ 最宜借季节调养的疾病有哪些

■ 春季食谱——抵御病毒防疾病

■ 夏季食谱——补水清热保健康

■ 秋季食谱——清淡养阴润秋燥

冬季食谱——滋补暖身重调养

Part 3 对症食疗 祛病强身保健康

呼吸系统疾病的预防与食疗

消化系统疾病的预防与食疗

心脑血管系统疾病的预防与食疗

内分泌及代谢性疾病

■ 泌尿系统疾病的预防与食疗

■ 皮肤疾病的预防与食疗

■ 男性疾病的预防与食疗

■ 妇科疾病的预防与食疗

■ 儿科疾病的预防与食疗

Part 1

解读 中华食疗智慧

Message

- ◆营养平衡
- ◆饮食有节
- ◆健康饮食的“金科玉律”

春秋战国时期的名医扁鹊提出：“君子有病，期先食以疗之，食疗不愈，然后用药。”中华民族创造的“食物疗法”能强健体魄、抗衰老、延年益寿，在世界医药学领域内，以其历史悠久、内涵丰富、实用可靠而备受青睐。时至今日，食物疗法仍然发挥着重要作用。

中华饮食精髓新解

●五类膳食，保证营养平衡

“五谷宜为养，失豆则不良；五畜适为益，过则害非浅；五菜常为充，新鲜绿黄红；五果当为助，力求少而数；气味合则服，尤当忌偏独；饮食贵有节，切切勿使过。”根据中医文献中这段对平衡膳食的论述，我们可以把每天要吃的食物分成以下五大类，只要每天按类别适量选择食用，就能基本保证营养的平衡。

◆ **【谷类粮食为主食】** 粮食是热能的主要来源，最好坚持粗细搭配。**普通人每天的粮食摄入量应根据运动量大小来确定，一般以每天500克谷类为宜，其余的热能由肉、蛋、鱼、脂肪等副食供应。** 总的来说，粮食摄入量应占热能供给的60%～70%，约占膳食总量的32%。

◆ **【富含动物蛋白的食物】** 包括肉、禽、蛋、鱼等。成人每日应摄入70～100克的蛋白质食物，占总热能的

10%～15%，其中鱼、虾共50克，蛋25～50克。理想的蛋白质摄入比例应是动物蛋白占1/3，豆类蛋白占1/4，其余部分则从谷物中获得。鸡蛋和牛奶不能完全代替肉类的营养作用。

◆ **【豆类、乳类及其制品】**豆类富含蛋白质、不饱和脂肪酸和卵磷脂等，而且豆类蛋白质富含赖氨酸，与谷物同食，可优势互补。豆类因营养丰富而被称为“植物肉”和“绿色牛奶”。每人每天应摄入豆类50克，奶类100～200克，这样不仅可增加钙的摄入，还可滋养胃肠黏膜。此类食物应占每日膳食总量的9.5%。

◆ **【蔬菜水果】**蔬菜水果是人体维生素、矿物质和膳食纤维的主要来源。**每人每天需求约800克（其中4/5为蔬菜，1/5为水果）。蔬菜中最好有一半为绿色或有色的叶菜类，尽量多样化。颜色深的蔬菜往往含有较多的生物活性物质，具有较强的抗氧化能力。**水果能帮助消化，每人每天可摄食100～200克鲜果，建议在饭后1小时生食。

◆ **【油脂类】**油脂可供给热能，促进脂溶性维生素的吸收，并供给不饱和脂肪酸。植物油所含的必需脂肪酸比动物油高。动物油饱和脂肪酸多，所含的胆固醇较高，过多摄入会导致动脉硬化和心脑血管疾病，应少吃。油脂的摄入可以按每千克体重1克计算（包括肉、鱼、蛋等动物食品中的油脂，连同植物油脂在内）。当然肥胖的人应适当减少油脂摄入量。

健康关照

提高蛋白质消化吸收率的三大原则

1.搭配的食物种类越多越好，不但可提高食欲，促进食物的消化吸收，而且食物中的氨基酸种类更齐全，能充分发挥蛋白质的互补作用。

2.搭配食物的种属越远越好。最好包括鱼、肉、蛋、禽、奶、米、豆、菜、果、花，以及菌藻类食物。将动物性食物与植物性食物搭配，更有利于蛋白质营养价值的发挥。

3.最好是几种食物同时吃。

三餐吃好，无病到老

“早饭淡而早，午饭厚而饱，晚饭须要少，若能常如此，无病直到老。”——《陆地仙经》。以此为基础，我们可以归纳出以下三大科学配餐原则。

◆【三餐热能比例适当】现实生活中常常是早餐马虎，中餐凑合，晚餐全家福，而科学的吃法应是“早餐要吃好，午餐要吃饱，晚餐要吃少。”

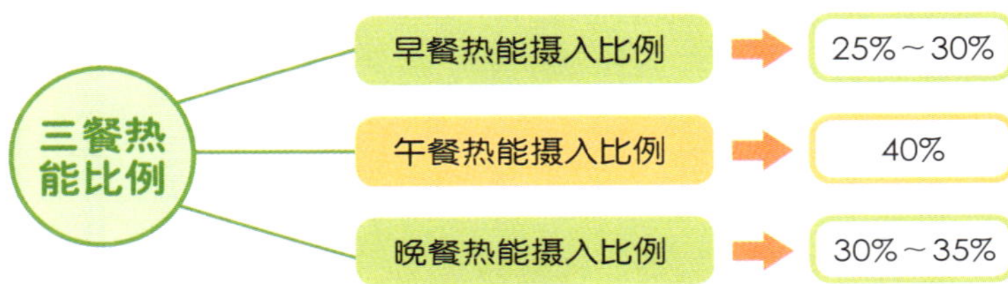

◆【三餐时间间隔合适】每餐间隔4～6小时，要定时定量，不可暴饮暴食。

◆【膳食结构平衡】主副食搭配平衡，主食要粗细搭配、干稀搭配，副食要生熟搭配、荤素搭配。

食物四性与饮食宜忌

古人参照中药，把食物分为四性，即寒、凉、温、热（连同不寒不热的平性，也称五性）。清代医学家黄宫绣说：“食物虽为养人之具，然亦于人脏腑有宜、不宜。食物入口，等于药之治病同为一理，合则于人脏腑有益，而可却病卫生；不合则于人脏腑有损，而即增病促死。”所以，食性与药性相同，饮食宜忌要根据食物之性、身体素质、疾病性质合理选择，此外还要与四时气候相适应。《黄帝内经·素问》中说：“用凉远凉，用寒远寒，用温远温，用热远热，食宜同法，此其道也。”即寒凉季节要少吃寒凉性食品，炎热季节要少吃温热性食物。

属性＼种类	肉类	蔬菜类	水果	其他	作用	适用人群
温热	狗肉、牛肉、鸡肉、羊肉、雀肉、虾肉、蟹肉、鲤鱼等	葱、蒜、姜、韭菜、香菜、胡椒等	荔枝、柑橘、橙子、柚子等	红糖、糯米、黑豆、黄豆、红枣、羊乳等	温中、散寒、补阳、暖胃	阳虚怕冷、虚寒者
寒凉	鳖肉、牡蛎肉、鸭肉、鹅肉等	白菜、豆芽、芹菜、苋菜、竹笋、黄瓜、苦瓜、茄子、冬瓜等	梨、西瓜、柿子、香蕉等	绿豆、豆腐、海带、海藻、紫菜、白砂糖、牛乳、蜂蜜等	清热、生津、解暑、止渴	阳气旺盛、内火偏重者
平性	猪肉、兔肉、墨鱼肉、鸡蛋等	豌豆、丝瓜、菠菜、胡萝卜、花菜、土豆等	葡萄、桃子、苹果、无花果等	赤小豆、木耳、山药、百合、莲子、薏米等	平补	所有体质均适用

饮食五味决定五脏安康

五味，是食物的辛、甘、酸、苦、咸五种味道，另外还有淡、涩味，习惯上把淡附于甘味，把涩附于咸味。《灵枢·五味论》指出："五味入于口也，各有所走，各有所病。肝病禁辛，心病禁咸，脾病禁酸，肾病禁甘，肺病禁苦。"汉代名医张仲景曾说："所食之味，有与病相宜，有与身为害。若得宜则益体，害则成疾。以此致危，例皆难疗。"

五味与属性＼作用及疗效	作用	疗效	备注
辛味（温热）	发散、行气、活血	解表、止痛、化痰	辛走气，走上焦荣诸阳，熏营卫之气，多食会久留心下而痛心。
甘味（温热）	缓急、补养	养阴和中	甘走肉，多食胃柔缓期而有欲吐不吐之感。
酸味（寒凉）	收敛、固涩	治久泻、脱肛和遗精	酸走筋，多食则筋缩倦，小便不通。
苦味（寒凉）	燥湿及泻下	祛湿、泻火、通便和健脾	苦走皮毛，多食皮肤干涩，毛发脱落。
咸味（寒凉）	软坚润下	散结	咸走血，多食则血与咸相遇，则凝而中竭，口舌干而渴。

十大平衡保证饮食健康

人体所需要的各种营养素必须从每天摄入的食物中获取。那么究竟该吃什么，该怎么吃，这里就有一个食物之间合理配比的问题，即在人体生理需要和膳食营养供给之间建立一个平衡关系，以形成平衡膳食。

●酸碱平衡 ●冷热平衡 ●精与杂平衡 ●四性平衡 ●五味平衡 ●就餐快慢平衡 ●就餐时间与饥饱平衡 ●就餐前后动静平衡 ●进食前后情绪平衡 ●能量入与出平衡

01 酸碱平衡

富含矿物质和微量元素、膳食纤维的瓜果、蔬菜、豆类等素食是碱性食物；富含蛋白质的鸡、鸭、鱼、肉、海产品、贝类、蛋类等属于酸性食物，多食会使人血液偏酸性，轻则倦怠无力，重则记忆力减退。可见荤素搭配的重要性。

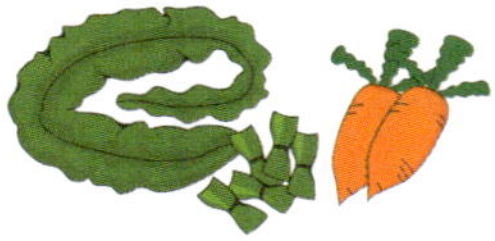

02 冷热平衡

古代医学家孙思邈在《千金翼方》中指出："热食伤骨，冷食伤肺，热无灼唇，冷无冰齿。"饮食宜暖，不可过冷，过冷损伤脾胃，夏季应尤其注意；亦不可过热，过热易烫伤胃脘、咽喉，诱发食管癌。

03 精与杂平衡

精是指现代人在膳食安排和烹饪上，需精益求精；杂则应同时兼顾食品来源的多样化和加工方式的多样化，要做到既精且杂。

04 四性平衡

吃寒性食物时需搭配热性食物，如吃螃蟹时佐姜末；吃松花蛋时佐醋和姜末。体质偏寒时忌食寒凉食物；体质偏热时，忌吃热性食物。气候炎热时，宜吃寒凉食物；气候较冷时，宜吃温热食物。

05 五味平衡

食物有甘、酸、苦、辛、咸五味，传统中医养生理论认为：饮食五味调和，能使骨骼正直，筋脉柔和，气血流通，毛孔固密，这样才能保证人体健康、强壮体格。

甘 酸 苦 辛 咸

06 就餐快慢平衡

《医说》中指出：“食不欲急，急则损脾，法当熟嚼令细。”进食时细嚼慢咽会使唾液大量分泌，有助于消化，溶菌酶和一些分泌性抗体可帮助杀菌解毒；食物细碎，使胃、胰、胆等消化腺的刺激和缓。早餐用时不少于15分钟，中餐和晚餐不应少于20分钟。

07 就餐时间与饥饱平衡

古人的饮食之道是：“先饥而食，先渴而饮，饥不可太饥，饱只到八分”，同时每日饮食时间要规律，即“饮食以时”。如果一天吃500克主食，早、中、晚餐的比例应为3:4:3，晚餐切忌吃得过饱。

08 就餐前后动静平衡

《千金翼方》中说：“食勿大言”，“饥不得大语”，即要求食前及食中，应静而专致，不可分心，以免影响消化。《寿世保元》中称：“食后便卧令人患肺气、头风、中痞之疾，盖营卫不通，气血凝滞故而。”即说明饭后应适当活动，如缓行散步等，有利健康。

09 进食前后情绪平衡

人在情绪波动时，气血紊乱，影响消化功能的正常运行。《勿药元诠》中指出：“怒时勿食，食时无怒。”进食前和进食后保持平静愉快的状态，是保证健康饮食的前提。

10 能量入与出平衡

导致肥胖的根本原因，在于能量的摄入与消耗不平衡。所以一定要“量腹而受”。消耗多少能量就应补充多少；摄入多少能量则应适当消耗多少。进食量与体力活动的平衡对健康是极其重要的。专家大力推荐的最有效最安全的体力活动是——步行。

健康饮食的“金科玉律”

欲得长生，肠中常清

汉代王充在《论衡》中道：“欲得长生，肠中常清；欲得不死，肠中无滓。”人体肠腔内存在大量细菌，食物经咀嚼和胃肠消化后成为食糜，在肠道经细菌发酵后分解代谢的产物含有很多种有毒物质，**这些毒素如不及时排出，会被肠道重新吸收，进入血液循环，影响健康**。唐代名医孙思邈曰：“便难之人，其面多晦。”因此要及时排出肠中的浊物。

肠中浊物排出须知

01 要减少荤腥油腻，多吃新鲜蔬果，以及蜂蜜、核桃、芝麻等碱性、润肠之物，以促进肠道蠕动，帮助排便。

02 养成规律排便习惯，可常用少许中药大黄泡水饮用，可润肠缓泻，促成排便。

可多食的清肠、排毒食物

清肠食物	功效分析
海带	海带所含褐藻酸能抑制放射性元素锶的吸收，并将其排出体外，同时还具有排出重金属镉的作用。
绿豆	绿豆蛋白具有特殊的解毒功效，对重金属、农药中毒以及其他各种食物中毒均有防治作用。
黑木耳	黑木耳有显著的涤垢除污功能，有肠道“清道夫”之称，可解毒和净化血液。
动物血	动物血浆蛋白被消化酶分解后，可产生一种具有解毒和润肠作用的物质，会和侵入肠道的有害粉尘、微粒结合，将其排出体外。
松花粉	采自马尾松的纯净花粉，自古以来就被中国人奉为食疗珍品。其中含有大量木质素，对习惯性便秘有很好的食疗功效。

健脑益智，延缓衰老

与其他体细胞相比，脑细胞对营养更加敏感，脑功能时刻受饮食营养条件的左右。中医非常重视“健脑益智”，认为“脑为髓之海”，而“精生髓，髓养脑”，故凡能补充、增加人体阴精的食物，都有一定的补脑作用。如核桃，其形似脑，是著名的象形药食；黑芝麻养肝血、滋肾阴、益脑髓；富含卵磷脂的大豆等食物都具有营养脑细胞的作用；每100克干海参中含蛋白质高达76.5克，中医认为海参益气滋阴，有养脑益智的作用；牛奶平补血脉，有强健脑功能的作用；著名的养生菜“天麻鱼头汤”也具有良好的健脑益智功能。

食不可无绿

绿色蔬菜富含天然叶绿素，叶绿素具有广泛的药用价值，被誉为“天然长寿药”，**可增加心脏功能、促进肠道功能，还能刺激红细胞生成，对治疗贫血有益，是钙的良好来源，也是除水果外维生素C的唯一来源，同时还是胡萝卜素、叶酸、核黄素、硫胺素和尼克酸的重要来源。**接受日照充分的深绿色蔬菜，营养和保健价值最高。因绿色蔬菜中的营养素都“怕热”，故新鲜蔬菜能生吃最好生吃。

冬吃萝卜夏吃姜，不劳医生开药方

古人即知萝卜具有防病、治病功效，近年来中国科学家发现细嚼、生吃白萝卜或青萝卜可促生具有抗癌作用的干扰素，对食管癌、胃癌、鼻咽癌、宫颈癌等均有显著抑制作用。但要注意，生吃萝卜半小时内最好不吃其他食物，以防萝卜有效成分被稀释，一般每日或隔日吃100～150克即可。此外，萝卜有消食、降气之功，对气管炎和咳嗽有疗效，还能通便、抗菌、防胆结石形成、降胆固醇，预防高血压和冠心病。萝卜中含萝卜酸，生吃萝卜丝加白糖有戒除烟瘾的作用。

可一日无肉，不可一日无豆

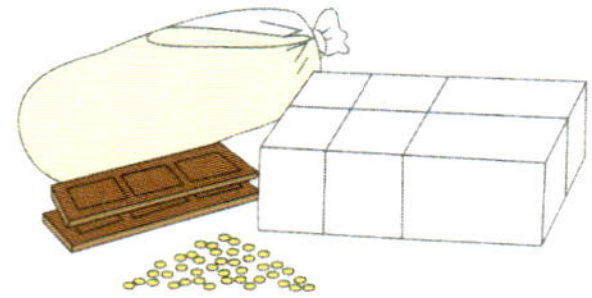

豆类是古今公认的食疗佳品，科学研究揭示，大豆蛋白能降低人体血胆固醇含量，可减少患心脏病的概率。大豆中富含大豆异黄酮，是一种独特的植物雌激素，对女性，尤其是更年期妇女有显著的保健功能，而且没有动物雌激素的副作用。大豆是优质蛋白的主要来源，并可提供丰富的维生素B_1，以及铁、锌等人体必需的微量元素，每日膳食中应含有50克（一两）的豆类食物（包括豆腐等豆制品）。

男子不可百日无姜

姜含有挥发性姜油酮和姜油酚，具有活血、驱寒、除湿、发汗等功能，还有健胃止呕、辟腥臭、消水肿、抑制人体对胆固醇的吸收之功效。

女子不可百日无（红）糖

中医营养学认为，性温的红糖是通过“温而补之，温而通之，温而散之”来发挥补血作用的。现代科学用原子荧光谱仪测定，发现红糖含有十分丰富的微量元素成分，其中有些微量元素具有强烈刺激机体造血的功能。

From 专家

∷用生姜和红糖熬制的姜汤自古就是风寒感冒的食疗良药。

蜂蜜代糖，有益健康

蜂蜜中含天然转化糖和许多生物活性物质，易于消化。而糖多吃会因产酸而造成食物异常发酵，产生气胀而妨碍营养物质的吸收，所以以蜂蜜代糖对人体有利，尤其对儿童和老年人。常吃蜂蜜能保护血管、通便降压、改善肝功能、增强体质等。

●酒为百药之长，饮必适量

明代医学家李时珍认为："酒能够消冷积寒气，燥湿痰，开郁结，止水泄，治霍乱、疟疾、噎膈、心腹冷痛、阴毒欲死，杀虫辟瘴，利小便，坚大便等"，可见酒对人体是有一定益处的，同时酒能舒畅心志、解忧忘愁、振奋精神。但李时珍也指出"过饮败胃伤胆，丧心损寿，甚则黑肠腐胃而死"。**一般来说，酒的醇度越高，喝酒时越要吃含动物蛋白丰富的菜，像牛肉、烧鸡、鱼、鱼子以及其他动物性食品和大豆制品，能起到保肝作用。**另外酒和荤菜都属酸性食物，应吃些碱性食物中和，如醋拌凉菜，青菜以及酒后的水果都不可少。

●"以脏补脏"和"以脏治脏"

唐代医学家孙思邈发现动物的内脏和人体的内脏十分相似，并据此创立了"以脏补脏"和"以脏治脏"的理论。而随着现代医学的进步，"以脏补脏"的理论得到了更大的发展，如用牛羊肝脏加工而成的肝浸膏，可治疗肝病及各类贫血；猪的胃黏膜制成的胃膜素，有保护胃黏膜的作用，可治疗胃及十二指肠溃疡；用动物睾丸制成的睾丸片，可治疗性功能低下等。

特别提示 TIPS

人每天吃多少肉最合适

人类的牙齿构成为：20颗臼齿（磨碎谷、豆及其他种子类食物），8颗切齿（切咬果蔬），4颗犬齿（撕咬肉类），它们之间的比例为5:2:1，即人类正常食物结构中，植物性食物与动物性食物的比例应为7:1。畜、禽类每日摄取50～100克（1～2两）为宜，最好选择脂肪低的瘦肉及鸡、鸭等禽类；鱼、虾每日摄取50克（1两）；蛋类每日摄取半个到一个为好。

饮食疗养治百病——8大常用病患饮食法

流质饮食法

◆【适用人群】高热、术后、急性感染者、口腔病变类患者。

◆【配餐方案】点心类（米汤、藕粉、豆沙汤、米粉糊等），汤类（鸡汤、牛肉汤、鲫鱼汤、鸡蛋汤等），乳类（牛乳、羊乳及乳制品等），果菜类（果汁、菜汤、菜汁等）。采用少吃多餐方式，每隔2～3小时一次，一日进餐6次。只适用于短期，一旦病情改善，即应改其他饮食。

半流质饮食法

◆【适用人群】发热、术后、消化道及口腔病变类患者。

◆【配餐方案】谷类（米粉、米糕、切面、挂面、馄饨、汤饺等），肉蛋类（肉松、鱼松、鸡肉末、鸡蛋羹等），果菜豆类（藕糊、莲子羹、百合汤、红薯汤、素鸡、豆腐汤等）。采用少食多餐的方式，每隔2～3小时进餐1次，一日6次。

软食法

◆【适用人群】低热或发热刚退、儿童、老年人及牙齿咀嚼不便、病后恢复期、消化能力较差的病人。

◆【配餐方案】这种饮食必须少渣滓、便于消化，不能用油煎或油炸。谷类（米饭、挂面、馒头、面包等），肉蛋类（鱼、虾、猪肉、羊肉、牛肉等），果菜豆类（软烂的土豆、花菜、各类青菜、粉丝、各类水果等）。一般每日进食3次，上下午可各加1次点心（取半流质食品）。

高蛋白饮食法

◆【适用人群】体重不足、需要增加营养者；手术前或病后恢复期病人；各种慢性病，如慢性肾炎病人；消耗性疾病如肺结核、伤寒、肿瘤等病人；烫伤外科病人；各种肝病和肝硬化病人；营养不良和血浆蛋白低下的病人；孕妇、乳母、运动员和强体力劳动者。

◆【配餐方案】除基本饮食饭菜外，另加蛋白质含量高的食物，尽可能采用优质蛋白食物，如鱼、蛋和豆制品等。在正常软饭菜饮食中，早餐增加鸡蛋或鸭蛋1个，午、晚餐各加肉类100～150克，一天可增加蛋白质40克左右，必要时再另加适量乳类；半流质和流质饮食可加入豆浆、豆腐脑、鸡蛋、牛奶、羊奶等，保证一天增加20克蛋白质即可。

●低蛋白饮食法

◆【适用人群】急性肾炎病人、尿毒症者、肝功能严重损伤者。

◆【配餐方案】以素食为主，一般不采用鱼、肉、蛋和豆制品等富含蛋白质的食物。在正常饮食和软饭菜中，一天的蛋白质总摄入量应低于30～40克（含主食在内）。

●高热量饮食法

◆【适用人群】体重不足和营养不良的病人、甲状腺功能亢进者、病后复原期人群、肝炎和肝硬化病人，以及强体力劳动者和运动员等。

◆【配餐方案】除三餐基本饮食外，在上下午或晚8时各加点心一次，以增加热量；可采用豆浆、牛奶、藕粉、红枣汤等甜食，另加饼干、烧饼、馒头或面包、蛋糕等。

●少油饮食法

◆【适用人群】肝胆病人，高血压和高脂血症病人，腹泻恢复期病人。

◆【配餐方案】减少基本饮食中烹调用油或不用；不吃油炸的食物和肥肉、猪油等脂肪含量高的食物；烹调方法以蒸、炖、煮、烩为主；基本饮食中要适当地增加糖类以补充热量。

●低胆固醇饮食法

◆【适用人群】心血管疾病患者、高脂蛋白血症患者、胆固醇血症者。

◆【配餐方案】含胆固醇高的蛋黄、鱼子、脑、内脏等均应限制食用或不用；限制动物脂肪，烹调用油采用植物油；可多食用蔬果、水果、豆制品；适量摄入鱼、虾、牛肉、瘦肉、嫩鸡等动物蛋白。

正确烹调保疗效 家常药膳9大制作方法

食疗食品与普通膳食有共同之处，即必须利用一定的烹调方法进行加工处理，使之具有色、香、味、形，但食疗食品又不等同于普通膳食，须在中医理论指导下，有目的地选择某些食品，通过一定的搭配和烹调，以达到防病治病的效果。

炖法

适用食物

尤其适合形状坚硬但下水后能迅速炖烂的食物和药物。

烹调特色

可以使药物中的成分迅速地被分化，同时炖锅中的水分有帮助药膳中的水溶性养分充分溶解的作用。

制作方法 隔水炖：将原料在沸水内焯烫去血污和腥膻味，放入炖锅内；另将所配药材用纱布包好，先用清水泡几分钟，再放入炖锅内加姜、葱、胡椒等调料，加适量水一起炖；先用大火煮沸，打去浮沫，再改用小火炖至酥烂，一般需2～3小时。不隔水炖：将原料与药材同时下炖锅，加适量水，用大火烧沸后，打去浮沫，再转小火炖至熟烂。

焖法

适用食物

适用于含油脂较多的食物或中药。

烹调特色

可使药物中的各类成分迅速溶解于油脂中，可帮助药膳中的脂溶性成分尽快地被人体吸收。成品酥烂、汁浓、味厚。

制作方法 先将原料过油至半熟，再加入姜、葱、花椒、盐等调料及少量汤汁，盖紧锅盖，然后用小火焖至酥烂。

煨法

适用食物

适用于表面油脂较多的食物或中药。

烹调特色

可使药物表面多余的油脂被吸收掉，同时可以减轻药物和食物本身的副作用。

制作方法 将原料放入锅中，加调料和适量水，慢慢把原料煨至稀烂。

蒸法

适用食物

适用于需要充分加热的食物和中药，尤其适用于用面食加工的药膳。

烹调特色

温度可达100℃以上，加热及时，汤汁醇厚，利于保持形状的整齐。

制作方法 将原料置于容器内，加入调味品、汤汁或清水，入蒸锅蒸熟。不易烂的原料可用大火蒸，断生即可；有形状要求的，用中火慢蒸。

煮法

适用食物

适用于体小、质软一类的食物和中药，通常用于肉类食物和中药。

烹调特色

适用于加工后多汁的药物和食物，对慢性胃肠病患者有促进药膳吸收的作用。

制作方法 将中药与食物经初加工后，放置在器皿中，加入调料及适当的汤汁或水，以快火煮沸后改用慢火煮至酥烂。

熬法

适用食物

适用于那些适合久熬的难化食物和药物，如阿胶、肉皮、猪蹄等。

烹调特色

适合慢性病病人和病后体虚患者的补养。

制作方法 将食物与中药初加工后，放入锅内，加水和调料，用大火烧沸，再用慢火烧至汁稠，味浓。

卤法

适用食物

适用于肉食及豆类面粉类食物。

烹调特色

卤法可以矫正原有的药膳气味，延长药膳保存时间，特别适合消化功能较差的病人服用。

制作方法 初加工后的原料先按一定的方式与药材结合后，再放入卤汁中，用中火逐步加热烹制，使卤汁充分渗透其中。

炒法

适用食物

适用于各种动物内脏为主要原料的药膳。

烹调特色

可减轻食物的腥、臊之气，增加药力。

制作方法 ①生炒：原料不上浆，先将药物和食物原料投入熟油锅中，炒至五六成熟时，再放入配料，一起炒至八成熟，加入调料，快炒几下断生即可。②熟炒：将原料煮至五成熟或全熟后，再切成片或块，放入热油锅中煸炒，依次加入辅料、调料及汤汁，翻炒几下即可。③滑炒：将药食原料加工后切丝、条、丁、片，用盐、淀粉、鸡蛋调匀上浆后，放入温油中大火滑散翻炒，倒入配好的料汁，大火快炒几下即可。④干炒：将药食原料调味腌渍后（不上浆），放入八成热的油锅中翻炒。待水汽炒干微黄时，再加配料和调料，同炒后待汁尽即可。

烧法

适用食物

适用于需要高温加热的食物和中药，如牛鞭、海参、牛肉。

烹调特色

可使食物充分地加热溶解，还可以杀灭药物或食物中的有害成分或毒素，去除异味。

制作方法 将原料经过煸、煎、炸处理之后，进行调味调色，再加入汤或清水，用大火烧沸后转小火，烧至卤汁稠浓即可。

Part

2 合理膳食 及时预防 远离四季常见病

Message

- 四季健康隐患
- 四季常见病调养
- 四季调养食谱

中医理论认为人与自然息息相通，人的情志变化与一年四季的阴阳消长密切相关。所谓春暖、夏暑、秋燥、冬寒，不同时节，许多常见病的发病数量或是严重程度都有所变化。因此，养生保健也需顺应时节变化。

春季养生专家谈

明媚春季中的健康隐患

立春过后，白昼逐渐变长，气温回暖。但是受冷暖空气频繁交汇影响，气候多变，乍暖还寒。在这种忽冷忽热、时风时雨的季节中，传染性疾病、过敏性疾病、某些慢性病、精神性疾病等极易被诱发。温暖的气候和多风的天气也为细菌、病毒的滋生和传播创造了条件。如果不坚持良好的生活习惯，发生感冒、流感、流脑、肺炎等传染性疾病的概率就会增加。

春季容易被诱发的疾病

◆【传染性疾病】各种呼吸道传染病如流行性感冒、麻疹、水痘、流行性脑脊髓膜炎、腮腺炎、猩红热、肺炎等传染病最容易发生；而细菌性痢疾、食物中毒、急性肠炎、伤寒、甲型和戊型肝炎及肠道传染病也悄悄抬头。

◆**【包含过敏性疾病在内的某些免疫性疾病】**过敏性哮喘、过敏性鼻炎、咽喉炎、皮炎以及牛皮癣、红斑狼疮、硬皮病、风湿和类风湿病等难治疾病易发作或复发。

◆**【慢性病】**慢性气管炎、胃及十二指肠溃疡病、胃窦炎、慢性结肠炎等也易在春季发作或复发。**早春的气温和气压变化比较大，易导致人体交感神经过度兴奋，血管收缩血压升高，血液变稠，尤其是老年人血管硬化，更易诱发或加重心脑血管疾病。**

◆**【精神性疾病】**天气的变化可导致人的情绪波动，特别是连绵的阴雨天气，是抑郁症的诱发因素之一。

因此，顺应季节的变化，采取积极的防治措施，对保持健康尤为重要。

春季饮食解析

早春时节，天气仍然寒冷，人体的蛋白质加速分解，为了御寒，身体要消耗一定的能量来维持基础体温，所以早春期间的营养构成要以高热量为主，遵循高蛋白饮食原则，同时保证维生素的供给，多食粥、汤类食物。

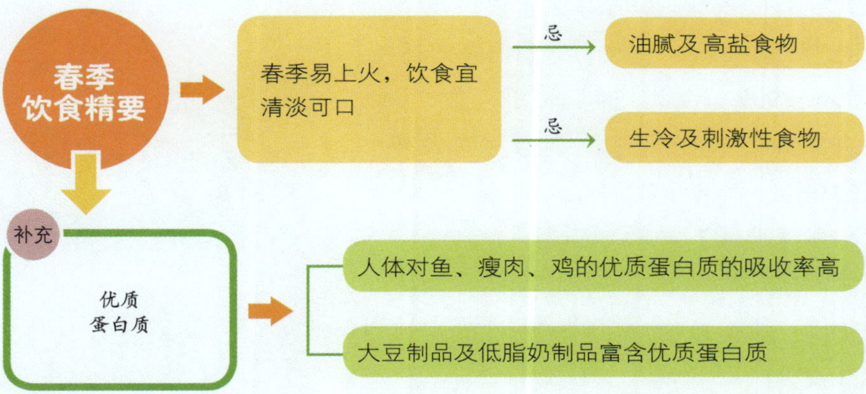

春季需护阳而养肝，应多食甘、温的食品；山楂、橄榄、柠檬、石榴等酸味食物不适合多吃。

葱、姜、蒜、韭菜等能祛阴散寒，对人体阳气生发很有好处，可多食。葱中含有挥发油，具有较强的杀菌或抑制细菌和病毒的功效。

红枣、山药、大米、糯米、高粱、豇豆、扁豆、菠菜、胡萝卜、芋头等甘味食物，有补益脾胃的作用，也应多吃。

早春时节宜食高热量食物，可抵御春寒，但不宜过量，否则会变为体脂储存下来，引起肥胖，并成为心血管疾病、部分癌症、糖尿病、退行性疾病的易发危险因素。

●春季易缺乏的6种营养素从哪里补

◆【维生素A】动物肝脏以及深绿色或红黄色的蔬菜和水果。热处理等烹调工艺有助于提高其吸收率。

◆【维生素B_1】也称硫胺素，未精制的谷类食物、瘦肉、内脏、豆类、种子或坚果、酵母制品。维生素B_1的含量随加工程度的增加而逐渐减少。

◆【维生素B_2】也称核黄素，广泛存在于动物与植物性食物中，包括奶类、蛋类、各种肉类、内脏、谷类、蔬菜与水果中。但谷类的加工和烹调会造成核黄素的损耗。

◆【维生素C】新鲜的蔬菜和水果。炒、熬、炖等烹调工艺，对其损耗较大。

◆【叶酸】富含于动物肝和肾、鸡蛋、豆类、酵母、绿叶蔬菜、水果及坚果类中。但食物中叶酸的烹调损失率高达50%～90%，因此，烹调时要注意减少营养素的流失，能生吃的蔬菜、水果尽量生吃。

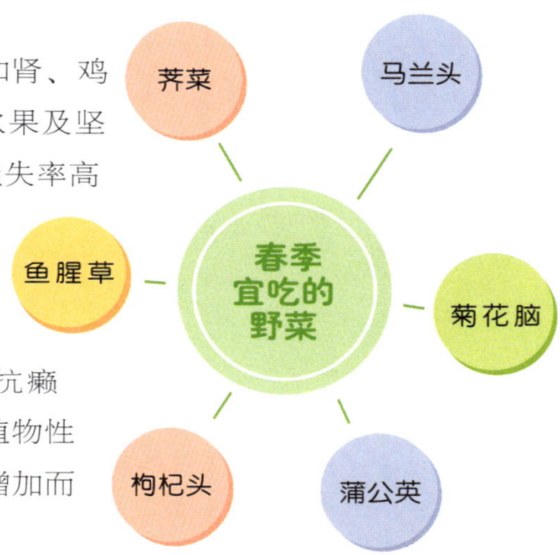

◆【烟酸】也称尼克酸、抗癞皮病因子，广泛存在于动物和植物性食物中，其含量随加工程度的增加而逐渐减少。

夏季养生专家谈

炎炎夏日健康危机多

骄阳似火，热浪滚滚。夏季是一年中气温最高的季节，受东南面的太平洋和西南面的印度洋季风气候影响，雨水充足，空气湿度大，病菌繁殖快，加上各种蚊虫活跃，因此容易暴发各种传染疾病。夏季饮食不但要注意营养，还要注意卫生状况。尤其食用海鲜时更要讲究科学性，注意消除海鲜产品携带的病菌。

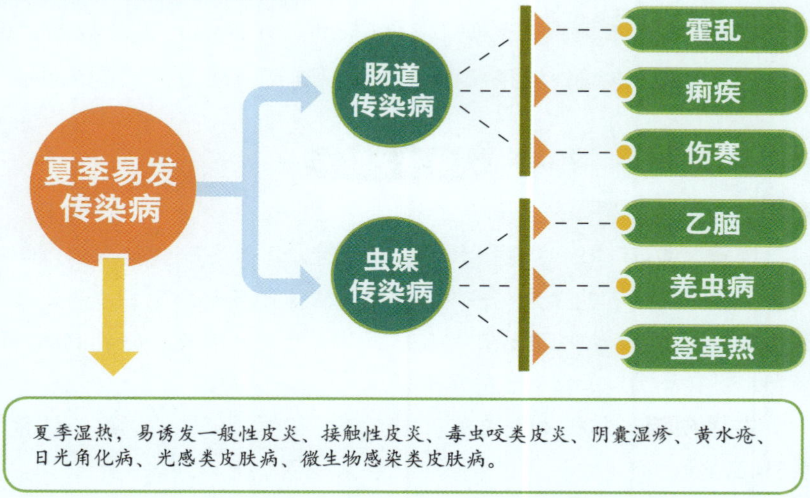

此外，高温燥热容易导致人的情绪波动，使人烦躁易怒，严重影响睡眠质量；**人体皮肤血管受热扩张，大量血液流入，这些都可使机体的消耗增大，与此相反，此时消化酶分泌减少，胃肠动力降低，食欲减退。**而且在高温环境下，人体会通过汗液散发体热以平衡机体的热稳定，在流汗的同时，钠、钾、钙、镁、维生素C、维生素B_1、维生素B_2和矿物质、维生素以及乳酸、尿素、氨基酸、赖氨酸等也随之流失。出汗多容易导致体内必需的微量元素流失和电解质失衡，如果不注意饮食调养，会带来更多的健康问题。

夏季饮食解析

夏日饮食以健脾养胃、消暑化湿为原则，注意补充流失的维生素及矿物质。以清淡寒凉的食物为主，**但生冷及冰冻食品不宜过多食用。宜选新鲜可口、性质平和、易于消化、补而不腻的食品，**多吃各种应季蔬菜和时令水果，还可食用一些莲子汤、荷叶粥、绿豆粥、豆浆、玉米糊等汤羹，以利消渴生津、清热解暑。可适量吃点酸性食品，如添加醋酸、柠檬酸、酒石酸、苹果酸的酸性食品，如番茄、柠檬、草莓、葡萄、山楂、芒果、猕猴桃等酸性水果以及酸奶等，可帮助敛汗祛湿，生津解渴，健脾开胃，杀菌防病，增强胃液杀菌能力，并提高钙、磷等元素的吸收。

健康关照

夏季最应预防中暑

饮食预防：随时注意补水，出汗多时，可补充一些盐水，以弥补人体因流汗而失去的盐分；多吃一些含水量高的新鲜蔬菜和水果，以补充体内所需水分和维生素、矿物质。同时，还可以补充一些乳制品，既能补水，又能满足人体对钙的需求。

生活预防：从根本上改善工作、学习和生活环境的温度，调整作息时间，保证充足睡眠。过度疲劳者、久病者、老年人以及产妇等均属易中暑者，在高温天气应尽可能减少外出活动。

中暑急救：一旦发生先兆中暑和轻度中暑，应立即到阴凉通风的环境下休息。多饮用一些含盐分的水或运动型饮料，还可在额头等处涂抹一些清凉油、风油精，或口服一些人丹、十滴水、藿香正气水等。重症中暑患者，应尽快对其进行降温，并紧急送往医院。体温降到38.5℃时，停止降温，转移到室温下继续观察或用风扇给其全身散热，以免体温降得过快过低，反而对健康不利。

秋季养生专家谈

多事之秋的健康隐患

秋季是由炎热潮湿向寒冷少雨过渡的季节。进入秋季，雨水减少，气温下降，昼夜温差幅度增大，天气变化加快。受地形影响，不同地区会出现阴冷多雨或干燥凉爽的气象状况。

由于秋天气候多变，呼吸系统疾病如伤风感冒、慢性气管炎、支气管炎、急性或复发性哮喘等病时有出现，各种肠道疾病、胃病、脑卒中（中风）、意外损伤也逐渐进入高发时期。

此外，常见的秋季传染病主要还有：

◆ **【肠道传染病】** 有霍乱、伤寒、痢疾等，这类传染病经“粪－口”途径传播。通常是由于细菌或病毒污染了手、饮水、餐具或食物等。

◆ **【呼吸道传染病】** 有流感、军团菌病、肺结核病等。这类传染病是由细菌和病毒通过空气传播或通过灰尘中细菌或病毒的飞沫经呼吸道进入人体后导致发病。

◆ **【虫媒传染病】** 有乙脑、疟疾、登革热、流行性出血热等。这类传染病是通过一些昆虫媒介，如蚊、螨、虱子、跳蚤等叮咬人体后传播。昆虫先叮咬病人，然后再叮咬健康人，导致发病。

秋季饮食解析

秋季的气候特点是阳消而阴长。所以，秋季养生遵循“养收”的原则，其中饮食调养以“甘平为主”，润燥益气、健脾、补肝、清肺为重，多吃生津养阴、清润滋养的食物，少吃热燥、煎炸、生冷的食品。

夏季过后，暑气渐消，食欲也开始增强。可适当以“芝麻、核桃、栗子、红枣、莲子、桂圆、百合、银耳、山药等进行平补，同时还可以多吃一些萝卜、胡萝卜、莲藕、芹菜、豆芽等新鲜蔬菜，以及梨、荸荠、苹果、香蕉、葡萄等各色水果。

冬季养生专家谈

严寒冬季需小心哪些病患

冬季风产生于亚洲内陆，性质寒冷、干燥。寒冷干燥的西北或东北季风最先到达我国北方，很快就向南推进到江淮流域及其以南地区，在其影响下，大部分地区冬季普遍降水少，气温低，北方更为突出。受冷空气强烈影响，气温骤降，可造成低温、大风、沙尘暴、霜冻等灾害，同时也给人体健康带来了不少隐患。

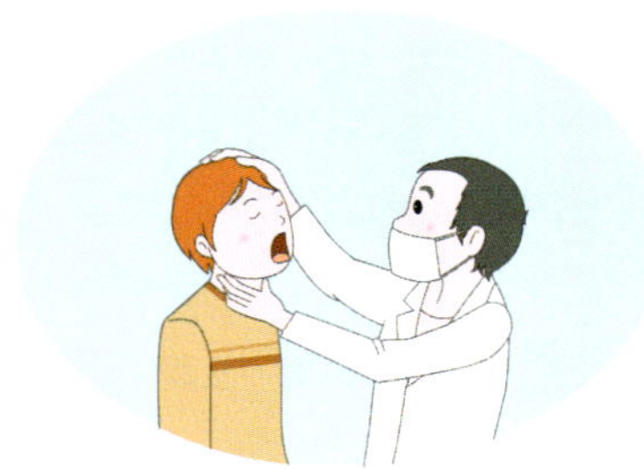

◆【呼吸道疾病】冬季寒冷干燥，湿度较低，呼吸道适应能力减弱，容易导致细菌、病毒感染疾病的发生，如感冒、气管炎、水痘、流行性脑膜炎、支气管炎等。

◆【心脑血管病】寒冷导致人体血管收缩，血压增高，供血不足，心脏病、脑血管疾病也极易被诱发。

◆【骨关节疾病】冬季环境湿冷，尤其是中国南方更加湿冷，腰椎、脊椎、膝关节、髋关节等骨关节炎极易复发。

◆【皮肤病】冬季寒冷，使得血管收缩，表皮血液循环减弱，对皮肤的营养供给相对减少，同时由于冬季湿度小、气压高、风大等，皮肤经常会变得粗糙，皮肤瘙痒症时有发生。

冬季易缺的几种矿物质的主要来源

易缺的矿物质	主要来源
铁	动物肝脏、各种肉类及其血制品、干果。
钙	奶类、大豆类、鱼、虾皮、坚果类。
碘	海带、紫菜、鲜海鱼等海产品。
锌	牡蛎等海产品、动物肝脏、肉、蛋、奶类以及干果、燕麦、花生等。
硒	各种海产品、瘦肉以及肝、肾等动物内脏，植物性食物中硒含量差异很大，主要取决于植物栽种地区水土中的硒含量。

冬季饮食解析

冬三月草木凋零，冰冻虫伏，自然界万物闭藏。冷使得血液自动向身体内脏器官流动，使内脏得到充实，养分借助血液输送到身体重要的内部器官，使身体获得足够的营养，从而获得改善和修复的最佳机会。因此冬季养生要顺应体内阳气的潜藏，以敛阴护阳为原则。

冬季宜食用温热食物，少食生冷，可适量食用高热量的食物补充热能消耗。宜多食富含优质蛋白质的食物，如各种精瘦肉、蛋类、鱼类、豆制品及花生仁、核桃仁等坚果。保证维生素和矿物质的摄入，如铁、碘、钙、维生素B_2、维生素A、维生素C等。

健康关照

冬季瘙痒症的预防

由于冬季气候寒冷干燥，人体皮肤也变得干涩粗糙，甚至会表皮脱落，使皮内神经末梢更容易受到刺激而发痒。老年人皮肤腺体分泌功能减退，又缺乏皮脂润滑，而且易受周围环境冷热变化的刺激，诱发瘙痒，更易发病。

饮食预防：适量吃些含脂肪的食物，改变全素饮食。不吃或少吃酒及辣椒、芥末、大蒜等辛辣食品。脂肪利于维生素A和维生素E的摄入，因而具有防止皮肤干燥和老化的作用。

生活预防：选用纯棉内衣，常换洗。冬季洗澡每周一次为宜，以37～40℃水温洗15分钟即可；应选择中性护肤浴皂，忌用碱性大的肥皂或药皂；浴后在全身涂抹润肤露。

专家提示：瘙痒症还与许多系统疾病有关，如内分泌的改变、消化不良和便秘、过敏性因素、动脉硬化、糖尿病、肝胆疾病、部分肿瘤等。因此，预防冬季瘙痒症还应及早发现并治疗其他各种相关疾病。

起居运动应季安排有讲究

根据季节气候特点适当运动以调节身体机能，同时，积极调摄精神状态和饮食起居，掌握四季阴阳消长的规律，才能保证身体健康。

【春季】Spring

春捂秋冻，衣着应逐渐减少，不宜一次减太多。春季一定要保证充足的睡眠，以减少白天的困倦。运动宜选择节奏比较慢而且运动量不大的方式，不要出大汗。晨练以散步、慢跑、做操、打拳等为佳。节假日可结伴郊游、赏花踏青、放风筝等，有助于改善机体功能。

【秋季】Autumn

秋日适宜早睡早起，中午可适当午睡40分钟到1小时。入秋后天气逐渐变凉，应注意添加衣物，但衣物添加不宜过多，以使机体逐渐适应气候转冷的变化。秋天秋高气爽，是适合运动的季节，适合散步、慢跑、做操、练拳、打球、登山等运动，但运动量不宜过大，以防出汗过多，伤损阳气。

【夏季】Summer

夏季宜早起，最佳就寝时间是22：00～23：00，最佳起床时间是5：30～6：30，午睡时间不宜过长，最好在1小时左右。夏季运动强度不宜过大，持续时间不宜过长，如早晚散步代替跑步、练习健身球等。夏季运动以游泳为佳，既可健身，又消暑。运动时需预防中暑，可饮用一些运动型饮料，以补充体内流失的水分、维生素以及矿物质等。

【冬季】Winter

冬季宜早睡晚起，保持充足睡眠。太阳升起前，霜寒重，雾气浓，空气质量差，不适宜室外晨练。室外晨练应选择在向阳、避风的地方进行。冬季运动应提高强度，增加有氧运动量，可提高大脑皮层的兴奋性，增强中枢神经系统体温调节功能，使身体与寒冷的气候环境取得平衡，改善机体抗寒能力，同时还能消耗体内脂肪，防止脂肪堆积。

四时之气与五脏养生

人体健康与四季气候的变化是紧密相连的，春生、夏长、秋收、冬藏，这是四季交替的自然规律，也是人体的代谢规律。

【春季养肝】

按中医五行理论归属，春为木；肝喜条达，与木的生长相类似，因此春季是肝木旺盛的季节。春季宜养肝但不宜过补肝阳，而是应该养阴柔肝，鸭血是补养肝阴的佳品；选用一些疏肝理气的食物，如玫瑰花、佛手瓜等，有助于肝脏条达之性；选择清肝明目的食物，如可适当食用马兰头、苜蓿、蓬蒿菜等。

【夏养心，长夏养脾】

夏季属火，因火气通于心，心在五行中对应火。所以，夏季的炎热最易干扰心神，使人心神不宁，导致心烦，这也是夏季心脑血管疾病发病率明显增加的原因。因此，夏季应该多食谷物、豆类、蔬菜等富含维生素和植物蛋白的食物。长夏最脆弱的部位是脾。因为脾喜燥恶湿，而长夏最大的特点是湿气太重。养脾可以多吃些豆类，如绿豆、白扁豆、荷兰豆、红小豆、豌豆等，可除湿健脾。

【秋季养肺】

中医学认为，燥为秋季的主气，称为“秋燥”。肺为娇脏，性喜润而恶燥，燥邪犯肺，最易伤其阴液。秋季饮食要以“滋阴润肺”为基本原则，可食用一些养阴润肺的食物，如泥鳅、鸭肉、芝麻、核桃仁、百合、糯米、蜂蜜、牛奶、银耳、莲子、梨等。防止机体在肺阴虚的情况下再受燥邪的影响。

【冬季补肾】

冬季“交九”之后，体内亦是阴盛极，阳始生。体之阴阳根之于肾。所以，数九寒天的摄生即调摄肾之阴阳。冬季养生的基本原则是“藏”，而“肾者主蛰，封藏之本”。肾阳不足宜食羊肉、韭菜、豆类食品；精血不足宜食海参、紫菜、鱼类以填精补血。《饮膳正要》指出：“冬天寒，宜食黍，以热性治其寒。”因此冬季适当增加温肾壮阳、滋补肾阴的食品的食用是摄生的重要措施。

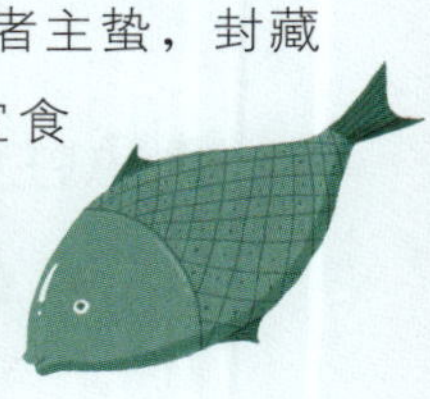

专家教你防治四季传染病

●流行性感冒（冬、春易流行）

◆【饮食预防】多饮开水；多吃清淡食物；多食富含维生素C的番茄、小白菜、油菜、青椒等深色蔬菜及柑橘、苹果等水果，多吃富含维生素E的卷心菜、花菜、芝麻等，以提高抗病毒能力；多吃富含维生素A的胡萝卜等黄绿色蔬菜以及动物肝脏等，保护呼吸道黏膜和呼吸器官上皮细胞。

◆【生活预防】常开窗通风，保持空气新鲜；少去人群密集的公共场所，避免感染流感病毒；加强户外运动，提高身体抗病能力；春季气候多变，注意加减衣服；注射流感疫苗。

●流行性脑脊髓膜炎（冬、春易流行）

◆【饮食预防】保证高蛋白、高糖、高脂肪类的食物摄入量，以供给身体充足的热量；补充含钙的食物，促进钙化；供给丰富的维生素；适当补充铁、钾、钠等矿物质和水分。

◆【生活预防】搞好个人及环境卫生，居室开窗通风，勤晒衣服，多晒太阳，避免到拥挤的公共场所。可用A群夹膜多糖菌苗预防接种；此外也可使用磺胺类药作为预防。

●急性结膜炎（春、夏易流行）

◆【饮食预防】红眼病在中医上被认为是由内部肺胃积热，并外感风热导致的猝然发病。因此饮食应以清淡为主，多食各种新鲜的蔬菜水果，忌辛辣、油腻等刺激性食品。

◆【生活预防】患者使用的脸盆、毛巾、手帕等应与家人分开使用，并经常进行消毒。饭前、便后、外出回家后要及时洗手，避免用手揉搓眼睛。易感季节，最好去正规的泳池游泳。

●流行性腮腺炎（冬、春易流行）

◆【生活预防】流行性腮腺炎属于急性呼吸道传染病，飞沫是主要传播途径。因此需注意与患者及可疑者隔离；保持口腔清洁，多饮水。流行性腮腺炎病毒活疫苗可有效预防，但该疫苗不能用于孕妇、先天或获得性免疫低下者以及对鸡蛋白过敏者。

◆【病后调养】一般而言，发病时多伴有发热和轻度的全身不适，数小时至1～2天后，腮腺即显肿大，出现胀痛感觉，张口咀嚼及进食酸性食物时更甚。因此饮食以清淡、易消化、清热解毒为原则，以流质或软食为宜，避免摄入酸性食物，保证液体摄入量。

●百日咳（冬、春易流行）

◆【生活预防】百日咳属于急性呼吸道传染病，因此应隔离患者；在百日咳流行期间，尽量让患儿少去公共场所，必要时需戴口罩；按时接种百白破疫苗，预防百日咳、白喉、破伤风。凡曾发生过惊厥的小儿，或在第一次接种后出现惊厥的小儿，均须绝对禁止接种百日咳疫苗，否则易发生智力发育障碍或脑炎等。

◆【病后调养】百日咳初起有咳嗽、喷嚏、流涕或发热等伤风感冒症状，2～3日后咳嗽日渐加剧。因此应尽量避免一切诱发咳嗽的不良刺激，如强迫进食、劳累等；饮食以营养，易于消化为原则，少食多餐，忌生冷、油腻及辛辣刺激性的食物。

水痘（冬、春易流行）

◆【生活预防】水痘属于急性呼吸道传染病。急性期病人，可通过飞沫、唾液、咳嗽传染给健康儿童，另外也可通过受病毒污染的物品传播。因此，应隔离患者；活动室、卧室要勤通风，并对所用的玩具及其他用品彻底清洗并用紫外线消毒；要经常洗澡、换衣服，保持皮肤清洁，手要勤洗、指甲勤剪；接种疫苗。

◆【病后调养】饮食以清淡、易消化、清热解毒为原则，以流质或软食为宜，保证液体摄入量，少油腻，忌辛辣刺激性的食物。

猩红热（冬、春易流行）

◆【生活预防】隔离病儿，病室用具要用消毒水清洗，保持室内通风换气，对与病人有密切接触的小儿，须给予药物预防。目前，一般采用肌肉注射青霉素或口服磺胺类药物。

◆【病后调养】以清淡、易消化为原则，以高热量、高蛋白的流质或软食为宜，保证水的足量摄入，少油腻、忌辛辣刺激性的食物。

风疹（冬、春易流行）

◆【生活预防】隔离病人，尽量避免接触风疹病人；接种风疹病毒活疫苗，抗体阳转率达95%以上。接种对象主要为幼儿园、小学儿童以及育龄妇女等易感者。有免疫缺陷、接受免疫抑制药及过敏性疾病者不能接种疫苗；接触风疹病人后，及早注射免疫球蛋白，有预防效果。

◆【病后调养】发热期间保证水的足量摄入；饮食宜清淡和容易消化，少油腻，忌辛辣刺激性的食物。

麻疹（冬、春易流行）

◆【生活预防】应隔离麻疹患者；对6个月以上的易感儿童，进行麻疹病毒活疫苗接种；易感儿接触麻疹后，5天内应尽早注射胎盘球蛋白或丙种球蛋白进行被动免疫。

◆【病后调养】发热及出疹期间，保证水的足量摄入；饮食宜清淡和容易消化，少油腻，忌辛辣刺激性的食物。

●小儿急疹（春、秋易流行）

◆【生活预防】避免与患儿接触，注意卧室内空气流通，保持一定的湿度，但不要让宝宝直接吹风。

◆【病后调养】应少量多次喂水，促进排毒；少量多餐。饮食宜清淡、少油腻，忌辛辣等刺激性食物。

卫生部统一规定儿童免疫用疫苗的接种时间

疫苗	预防疾病	出生时	1月	2月	3月	4月	5月	6月	8月	18～24月	4岁	6岁
乙肝疫苗	乙型病毒性肝炎（乙肝）	第1剂	第2剂					第3剂				
卡介苗	结核病	共1剂										
脊灰疫苗	脊髓灰质炎（小儿麻痹）			第1剂	第2剂	第3剂					第4剂	
百白破疫苗	百日咳、白喉、破伤风				第1剂	第2剂	第3剂			第4剂		
白破疫苗	白喉和破伤风											共1剂
麻疹疫苗	麻疹								第1剂	第2剂		
乙脑活疫苗									第1剂	第2剂		第3剂

健康关照

疫苗——让宝宝远离传染病毒

我国儿童预防接种常用疫苗可分为三类：第一类为卫生部统一规定的儿童免疫用疫苗，即卡介苗、脊灰疫苗、百白破、白破和麻疹活疫苗；第二类为卫生部新纳入儿童计划免疫管理的疫苗，如乙肝疫苗；第三类为各省（区、市）未纳入或拟纳入儿童计划免疫管理的疫苗，如乙脑疫苗、流脑疫苗、风疹疫苗、腮腺炎疫苗、甲肝疫苗等。每年4月25日是“全国儿童预防接种宣传日”。

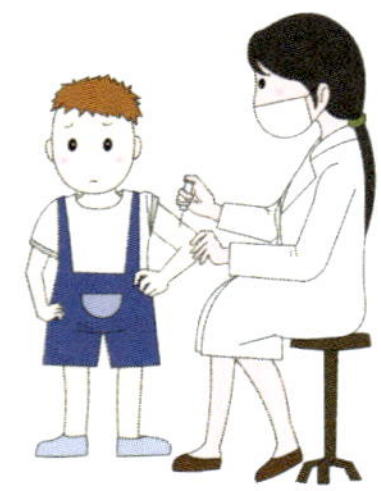

病毒性肠炎（夏、秋流行）

◆【饮食预防】注意饮食卫生。

◆【生活预防】改善卫生条件，注射疫苗。

◆【病后调养】目前还没有特效治疗，主要是对症治疗，预防脱水。腹泻时的补充液必须为含盐量约为3克／升的饮料或菜汤，或是3克／升的食用盐加上18克／升蔗糖的糖盐水。患者想喝多少喝多少，直到腹泻停止。

腹泻期间饮食

- 适宜的食物——高蛋白、高热能、富含微量营养素的易消化吸收的流质食物
- 忌食的食物——油腻、生冷、辛辣、通便胀气的食物

不适宜饮用含糖饮料 → 以免引起渗透性腹泻和高钠血症。如：市售含二氧化碳饮料，市售果汁、甜茶等。同时还应避免刺激性的、有利尿作用的或有通便效果的液体，如咖啡、某些药茶或冲剂。

细菌性痢疾（春、秋流行）

◆【饮食预防】保证饮水卫生，饭前便后要洗手，不吃生冷食品，剩饭菜要加热后吃，做饭用具应生熟分开，防止苍蝇叮爬食物，用有消毒作用的水清洗瓜果蔬菜和碗筷。

◆【病后调养】为减轻胃肠的负担，以清淡、稀软、少渣、少油、易消化为食物选用原则，少食多餐为宜，忌生冷、油腻、辛辣、过甜的食物。腹泻期间，应预防脱水，可补充一些淡盐水或菜汤。

●甲肝（秋冬及早春流行）

◆【饮食预防】加强饮食卫生，养成良好的卫生习惯。如饭前便后洗手，不吃生冷食物，消灭苍蝇、蟑螂等传播媒介，生熟餐具要分开等。

◆【生活预防】主动注射甲肝减毒活疫苗是一种有效的预防措施。此外，儿童等易感人群接触甲肝病人的两周内，应及时接种丙种球蛋白。

◆【病后调养】早发现、早隔离、早治疗。对甲肝患者的住所、衣物、餐具等严格进行隔离并随时消毒。患者应避免饮酒、过劳及使用损害肝脏的药物。饮食方面，应选择清淡、易消化食物。

●肺结核（冬季流行）

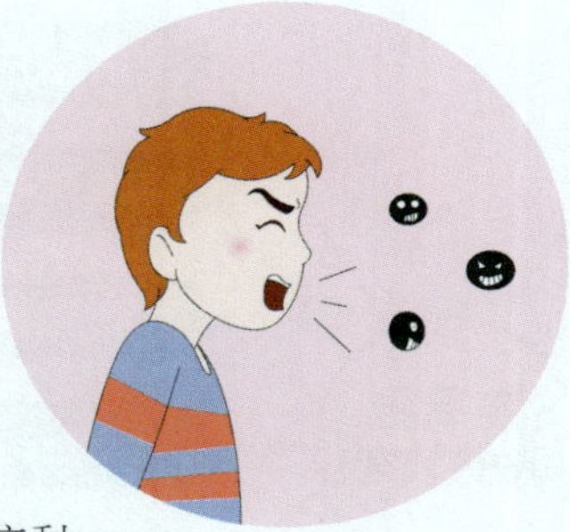

◆【传染方式】含结核菌的飞沫被健康人吸入肺泡，就可能引起感染。传染性的大小与传染源病人病情的严重性、排菌量的多少、咳嗽的频度、病人居住房子的通风情况及与其接触的密切程度及接触者的抵抗力有关。

◆【预防方法】婴幼儿应按时接受卡介苗接种，以使人体产生免疫力，减少结核病的发生。发现婴幼儿有低热、盗汗、干咳嗽、痰中带血、乏力、食量减少等症状时及时就医，做到早发现、早隔离、早治疗。

◆【病后调养】治疗应彻底，以免发生耐药反应。由于结核病是慢性消耗性疾病，膳食消耗超过正常人。因此，膳食方面应以高热能、高蛋白质、高维生素和矿物质的食物为主。忌烟酒，吸烟会增加对呼吸道和消化道的刺激；饮酒则会使血管扩张，加重患者咳血等症状。

专家教你控制四季易发慢性病

慢性支气管炎（冬、春易发）

◆【饮食预防】受寒或过热都会导致脾胃失调，痰浊增加；同时寒气可使气管痉挛，而辛辣等又易导致局部水肿，均不利于分泌物的排泄，从而加重咳喘，故必须忌生冷、油腻、辛辣等刺激性食物，避免食用易造成过敏的食物。

◆【生活预防】降低大气污染，减少主动和被动吸烟，积极参加体育锻炼，增强抵抗力，减少呼吸系统感染、过敏等发病。

过敏性皮炎（春、夏易发）

◆【饮食预防】避免一切造成自身过敏的食物来源。由于个体差异很大，致其过敏的食物品种也各不相同。

容易致敏的食物	
高蛋白食物	牛奶、鸡蛋等
特殊气味的食物	葱、蒜、韭菜、香菜、洋葱等
刺激调味品	辣椒、胡椒、芥末、姜等
海产品类	海鱼、海虾、海贝、海蟹等
种子类	花生、豆类、芝麻等
生冷类	番茄、柿子、桃子、生花生等
菌类	蘑菇、木耳、银耳、竹荪等

◆【生活预防】积极查找过敏原，通过消除病因和过敏因素，达到脱敏、消肿。由于该病属慢性病，易复发，主要预防措施还是增强体质、避免接触过敏原。

健康关照

过敏性疾病病因探源

过敏性疾病的发生，需要同时具备两个条件——过敏体质和过敏原。过敏体质与遗传有关；而过敏原种类甚多，按其来源的不同分为：

吸入式过敏原：如花粉、柳絮、粉尘、螨虫、动物皮屑、油烟、油漆、汽车尾气、煤气、香烟等。

食入式过敏原：如牛奶、鸡蛋、鱼虾、牛羊肉、海鲜、动物脂肪、异体蛋白、酒精、毒品、抗生素、消炎药、香油、香精、葱、姜、大蒜以及一些蔬菜、水果等。

接触式过敏原：如冷空气、热空气、紫外线、辐射、化妆品、洗发水、洗洁精、染发剂、肥皂、化纤用品、塑料、金属饰品（手表、项链、戒指、耳环）、细菌、霉菌、病毒、寄生虫等。

注射式过敏原：如青霉素、链霉素、异种血清。

自身组织抗原：精神紧张、工作压力、受微生物感染、电离辐射、烧伤等生物、理化因素影响而使结构或组成发生改变的自身组织抗原，以及由外伤或感染而释放的自身隐蔽抗原，也可成为过敏原。

●鼻炎（春、秋、冬季易发）

鼻炎是泛指能引起鼻腔黏膜炎性改变的鼻病总称，可以分为急性、慢性和过敏性三种。

◆**【生活预防】**预防鼻炎应该从鼻炎的病因角度出发。

过敏性鼻炎患者应尽可能减少与过敏原接触的机会。

急性鼻炎应去除上呼吸道的病灶，积极预防和治疗鼻窦炎、扁桃体炎、慢性咽炎等病症，加强体育锻炼，以提高鼻腔黏膜对气温、湿度的适应能力和对呼吸道疾病的抵抗力，预防急性鼻炎复发。

急性鼻炎若发作须彻底治疗；鼻腔用药须恰当；同时在水泥、烟草、煤尘、面粉或化学物质等环境中工作，应佩戴防护面具，以免鼻黏膜受到物理和化学因子的刺激与损害。同时，积极治疗内分泌失调、心血管疾病、维生素缺乏等长期慢性疾病，戒烟酒。

◆【饮食预防】忌辛辣等饮食，多吃各类蔬菜、瓜果，以补充体内维生素，增强人体抵抗力；足量饮水，以利于排除体内毒素。

肺心病（冬季易发）

◆【生活预防】由于绝大多数肺心病是慢性支气管炎、支气管哮喘并发肺气肿的后果，因此积极防治这些疾病是避免肺心病发生的根本措施。改善环境，消除烟雾、粉尘和有害气体对呼吸道的刺激；进行体育锻炼，增加呼吸系统对寒冷的适应力和对疾病的抵抗能力；注意室内通风换气和温度变化，及时增减衣物，减少各种呼吸道疾病的发生。

◆【饮食预防】平时多食萝卜、梨、枇杷、冬瓜、西瓜等新鲜蔬菜瓜果以利于养肺清痰，忌烟酒，少吃辛辣、油腻等刺激性食物。

哮喘（类型不同，易发季节也不同）

不同类型的哮喘，易发季节也有不同。花粉吸入型哮喘好发于春秋季，感染型多发于冬季，混合型在秋冬季和夏季均可发作。

◆【饮食预防】哮喘以呼吸急促和喘息反复发作为特征，发作期间，由于机体缺氧，对人体各系统及其物质代谢都会产生一系列的影响，特别是导致胃肠功能减弱，从而引起进食量减小。因此日常饮食需要选择富含优质蛋白、维生素、矿物质等充足营养的食物，以增强患者的抵抗力。

◆【生活预防】预防措施以避免接触过敏、哮喘等的诱因为主。

◆【病后调养】尽可能避免接触引起自身过敏、哮喘发作的所有诱因。哮喘发作期间，注意随时补充水分，以利于痰液稀释，保持气管通畅。由于胃肠功能减弱，同时为减轻呼吸急促引起的咀嚼、吞咽困难，食物需柔软、易消化，可安排一些半流质的食物，鼓励少食多餐。忌烟酒，不食用辛辣、冰冷等刺激性食物。

心脑血管病（冬季易发）

◆【病症分析】冬季的温差、风速、大气压等波动最大，寒冷刺激使人体血管收缩，动脉平均压升高，心肌耗氧量增加；而且冬季人体抵抗力相对薄弱，上呼吸道感染和支气管肺炎等病症极易诱发心肌梗死。

心脑血管疾病是由高血压、高脂血症、血液黏稠、动脉粥样硬化所导致的心脏、大脑及全身组织发生缺血性或出血性疾病的统称，是一种致残率高的疾病。发生在心脏动脉血管的疾病统称为心血管病，包括：心肌梗死、冠心病等；发生在脑动脉血管的疾病统称为脑血管病，包括：脑溢血、脑血栓、脑栓塞等。

◆【饮食预防】心脑血管疾病主要由压力过大、精神紧张、烟酒过度、生活不规律、肥胖及饮食不科学等原因所导致，因此心血管疾病的预防主要体现为保持合理膳食，增加膳食纤维、鱼、豆制品的摄入量，适当减少盐、脂肪、胆固醇的摄入量；戒烟限酒。

◆【生活预防】生活规律化，保持运动并且控制体重，保持心境平和；每年定期检查血脂、血压等指标。

◆【就诊提示】一旦心脑血管疾病发作，应紧急就诊，越早救治，对心肌等损害就越小。大多数的病人需要长期接受药物治疗，并实施康复保健。发生心绞痛时就应停止活动并休息直至疼痛消失，如若不见效，也应紧急就诊。

特别提示

TIPS

为什么要“冬病夏治”？

一些慢性疾病虽然在夏季症状减弱，但是夏季却是最佳调养时间，俗语把这种治疗称之为“冬病夏治”。在冬季，由于身体相对虚弱，风、寒、湿、邪乘虚而入，流注于人体经络、关节、肌肉，易引发咳喘性的慢性呼吸道疾病，如慢性支气管炎、支气管哮喘病、阻塞性肺部疾病、过敏性鼻炎等；也易引发颈椎痛、腰椎痛、风湿性和类风湿关节等骨关节疾病以及痛经、感冒等。因此应利用人体阳气最旺的时节，辅以中药汤剂、膏剂、针灸推拿等传统中医方法，内外合治，达到温阳利气、散寒除痰、扶正祛邪的最佳治疗、预防作用。

最宜借季节调养的疾病有哪些

胆结石（秋、冬季调养）

受秋冬季节进补观念影响，不少人错误地认为进补就是增加进食量，因此往往导致高糖、高脂肪、高胆固醇食物摄入过量，胆囊分泌急剧增加。而随着天气转寒，户外活动减少，饮水量减少，又导致胆汁流速缓慢、胆汁浓度高，所以，胆结石容易在这种季节形成。因此需重视秋冬季节饮食调养，保证胆汁规律分泌，防止胆汁浓缩淤积，预防胆结石形成。

糖尿病（夏季调养）

夏季人体能量消耗较大，体内水分由体表大量流失，易造成脱水，容易引发糖尿病的急性并发症——酮症酸中毒。同时体内水分不足，血液黏稠度增加也容易引起心脑血管问题；小便减少，容易引发膀胱炎；同时夏季天气湿热，病菌繁殖快，各种蚊虫活跃，易发生胃肠道、呼吸道、泌尿系统和皮肤的感染。而糖尿病患者与正常人相比就更加容易发生心脑血管疾病以及局部感染等病症。因此，夏天更需要重视糖尿病的调养。

胃病（秋季调养）

受冷后，血液中的组氨酸增多，造成胃酸分泌增加，胃肠发生痉挛性收缩，抵抗力随之降低；同时秋季食欲增强，人们容易暴饮暴食，加之其他种种不良的饮食方式及生活习惯会加剧胃病问题。因此胃病患者应重视秋季调养。

肥胖（秋、冬季调养）

肥胖是由于饮食中热量摄入过多，尤其是高脂肪、高糖类食物摄入过多，同时活动与运动消耗能量不足所导致的。秋冬季节，人们胃口逐渐好转，加上天气寒冷，运动量减少，在厚衣服的覆盖下，不知不觉，人们就会被肥胖问题所困扰。人体在寒冷中运动所消耗的热量远高于温暖环境中的消耗，因此在秋、冬季节尤其需要注意饮食控制、增加运动消耗。

蛔虫病（秋季调养）

因饮食不洁净而吞食虫卵至蛔虫成熟大约需要75天，蛔虫在小肠内生存期为1～2年。目前，市面上的驱虫药都只对成虫有效，如果虫卵和幼虫还未发育成熟，则需要过1～3个月再次驱虫。由于夏季人们食用较多生冷的水果、蔬菜，蛔虫的感染概率也会增加。蛔虫卵在体内生长，到秋季刚好发育成熟，因此秋季是驱虫的最佳时节。

慢性肾病（冬季调养）

由于冬季寒冷干燥，人体呼吸道适应力减弱，免疫力下降，容易导致细菌、病毒感染的发生，咽炎、肺部感染、扁桃体炎、泌尿系统感染等疾病易于发作，感染急性肾炎的概率增加。而且冬季饮食中蛋白质摄入相对较多，肾脏的负担比其他季节大。同时，由于肾部在冬季气血相对旺盛，对外界的敏感性提高，因此冬季是预防和调养慢性肾病的最佳时期。

便秘、口角炎、佝偻病等营养不良性疾病（冬、春季调养）

便秘、口角炎、佝偻病等营养不良性疾病，本来不存在季节性，但是由于春冬季节应季蔬菜、瓜果数量及品种相对减少，口角炎、便秘等病症的发生也呈现出季节性。而且冬春季节人们运动相对减少，接受阳光照射的时间减少，紫外线照射皮肤从而合成维生素D的量也随之降低。由于体内缺乏促进钙吸收的维生素D，因此佝偻病发病率也随之增多。

真菌性皮肤病（冬、春季调理）

由于真菌容易受到温度和湿度的影响，真菌性皮肤病冬春季轻而夏秋季重。随着春季气温回暖，真菌也开始活跃起来。头癣、手癣、甲癣、足癣、体癣、股癣等真菌性皮肤病也开始复发。因此从冬、春季开始治疗和控制各种真菌性皮肤病效果最佳。

春季食谱——抵御病毒防疾病

春季是气候由寒转暖的季节，气温变化较大，细菌、病毒等微生物开始繁殖，容易侵入人体而导致疾病的发生。因此，春季饮食宜遵循抗病毒原则，摄取足够的维生素和无机盐，提高机体的抗病能力。

胡萝卜炒口蘑*

材料

水发口蘑250克、胡萝卜200克。

调料

酱油、盐、味精、胡椒粉、白糖、葱段、姜丝、蒜末、水淀粉、植物油、高汤各适量。

做法

1. 口蘑、胡萝卜洗净，切成片，分别焯烫熟，过凉沥干。
2. 热锅温油，下葱段、姜丝、蒜末炒出香味，放口蘑片和胡萝卜片炒匀，加酱油、盐、胡椒粉、白糖、高汤烧5分钟，起锅前加味精调味，用水淀粉勾芡收汁即可。

海米冬瓜*

材 料

冬瓜片、海米各适量。

调 料

植物油、盐、料酒、鸡精、葱段、姜丝、水淀粉各适量。

做法

1. 冬瓜片用少许盐腌渍10分钟，捞出沥水；海米用温水泡软洗净。
2. 热锅热油，倒入冬瓜片炒至皮色翠绿时捞出沥油；热锅热油，爆香葱段、姜丝，加入适量水、料酒、盐和海米，煮沸后放入冬瓜片，大火煮沸转小火焖烧至冬瓜熟透，加鸡精调味，下水淀粉勾芡即可。

木耳炒西芹*

材 料

水发黑木耳200克、西芹300克。

调 料

植物油、盐、味精、胡椒粉、白糖、水淀粉、高汤、葱段、姜丝各适量。

做法

1. 水发黑木耳去蒂洗净，撕成小朵；西芹洗净，去老筋切段；将黑木耳和西芹分别焯烫后，捞出过凉，沥水。
2. 热锅温油，下葱段、姜丝炒香，放黑木耳和西芹段炒匀，加盐、白糖、胡椒粉、高汤炒熟后加味精调味，用水淀粉勾薄芡即可。

冬菇韭菜*

材 料

水发冬菇150克、嫩韭菜200克。

调 料

蒜末、酱油、盐、味精、胡椒粉、香油、植物油、高汤各适量。

做法

1. 水发冬菇洗净切成条，入沸水中焯软，过凉后挤干水分；嫩韭菜择洗干净切成段。
2. 热锅温油，下蒜末、冬菇条炒出香味，下韭菜段煸炒几下，加酱油、盐、胡椒粉、高汤炒匀，出锅前加味精调味，淋入香油即可。

肉丝炒韭黄*

材 料

猪里脊肉、韭黄各200克，红椒1个。

调 料

盐、酱油、姜丝、味精、水淀粉、高汤、植物油各适量。

做法

1. 猪里脊肉洗净切成粗丝，用盐、水淀粉腌渍上浆；韭黄择洗干净，切成寸段；红椒洗净去蒂及子，切成丝。
2. 酱油、高汤、味精放入碗中拌匀调成味汁。
3. 油锅烧至七成热，下入肉丝迅速炒散，再放入姜丝、韭黄段、红椒丝炒至断生，立刻倒入味汁稍加翻炒，加水淀粉勾芡收汁即可。

油焖腐竹*

材料

腐竹150克、平菇100克。

调料

酱油、盐、白糖、料酒、味精、植物油、香油、水淀粉、高汤、葱花各适量。

做法

1. 腐竹用温水泡软，洗净，切成5厘米的长条；平菇洗净撕条。
2. 锅置火上，倒油烧至五成热，放入腐竹条、平菇条煸炒片刻，加酱油、料酒、盐、白糖、高汤煮沸，改用小火焖烧5分钟，再用大火收汁。
3. 出锅前加入味精调味，淋入香油翻炒均匀，用水淀粉勾芡，盛盘后，撒入葱花即可。

绿豆芽炒菠菜*

材料

绿豆芽200克、菠菜250克、海米少许。

调料

盐、味精、胡椒粉、葱段、姜丝、蒜末、高汤、植物油各适量。

做法

1. 绿豆芽择洗干净；菠菜择洗干净，入沸水焯烫一下，捞出沥水，切段；海米洗净用水浸泡备用。
2. 热锅温油，下葱段、姜丝、蒜末、海米煸炒出香味，下绿豆芽大火煸炒几下，再下入菠菜段炒匀，加盐、胡椒粉、高汤翻炒片刻，加味精调味即可。

青椒绿豆芽

材 料

绿豆芽150克、青椒1个、红椒2个。

调 料

盐、味精、白糖、胡椒粉、葱段、姜丝、蒜末、高汤、植物油各适量。

做法

1. 绿豆芽择洗干净；青椒、红椒分别去蒂及子洗净，切成丝。
2. 绿豆芽入沸水锅中焯水，捞出过凉，沥干水分，备用。
3. 热锅温油，下葱段、姜丝、蒜末炒香，下绿豆芽、青椒丝、红椒丝、盐、胡椒粉、白糖、少许高汤，大火翻炒均匀，出锅前加味精调味即可。

凉拌金针菇

材 料

金针菇150克，黄瓜、红椒各50克。

调 料

盐、白糖、醋、味精、蒜末、姜末、葱丝、香菜各适量。

做法

1. 金针菇去根洗净，放沸水锅里焯透，沥干水分备用。
2. 黄瓜洗净，去皮切成丝；红椒洗净，切丝；香菜洗净，切段。
3. 把盐、白糖、醋、味精、蒜末、姜末放进一个小碗里，加少许凉开水调成味汁。
4. 金针菇、黄瓜丝、红椒丝、葱丝、香菜段放入小盆中，将调好的味汁倒入盆中搅拌均匀即可。

平茹炒莴笋*

材料

平菇、莴笋各300克。

调料

植物油、葱段、姜丝、料酒、盐、味精、香油各适量。

做法

1. 将平菇去蒂洗净，撕成片；莴笋削去外皮，洗净切片；将平菇放入沸水锅中焯透，捞出过凉。

2. 锅中放油烧至六成热，爆香葱段、姜丝，加莴笋片、平菇片翻炒至八成熟。

3. 再加入料酒、盐翻炒至熟，加入味精调味，淋上香油炒匀即可。

椒油笋丝*

材料

莴笋400克。

调料

盐、香油、植物油、味精、花椒粒各适量。

做法

1. 莴笋去叶，去皮洗净，切细丝，盛于碗中撒盐拌匀，入味后，挤干水分。

2. 炒锅内倒植物油，烧至五成热，倒入花椒粒，炒出香味，制成花椒油备用。

3. 将笋丝盛入盘中，加花椒油、香油、味精，拌匀即可。

洋葱炒猪肝

材料

鲜猪肝300克、洋葱200克。

调料

姜丝、植物油、淀粉、酱油、胡椒粉、盐、白糖、料酒、味精、香油各适量。

做法

1. 洋葱去外皮洗净，切成丝；猪肝洗净切片，用淀粉、酱油、胡椒粉、白糖、料酒腌渍10分钟。
2. 猪肝放入沸水锅中快速焯烫捞起，过凉沥干。
3. 热锅热油，炒香洋葱丝、姜丝，再放入猪肝片、盐，改大火翻炒至熟。
4. 出锅前加味精调味，淋香油翻炒均匀即可。

香芹炒瘦肉

材料

猪瘦肉150克、香芹250克。

调料

植物油、甜面酱、酱油、盐各适量。

做法

1. 将猪瘦肉洗净切成丝；香芹择去叶，削去根，洗净后切成段。
2. 将香芹段放入沸水中焯烫一下，捞起过凉，沥干水备用。
3. 热锅热油，下入肉丝煸炒至肉色发白，盛起备用；锅内留余油烧热，放入甜面酱炒香，再下入肉丝，加入酱油、盐翻炒，倒入香芹，炒熟即可。

番茄炖牛肉*

材 料

番茄250克、熟牛肉200克。

调 料

甜面酱、植物油、大料、葱段、姜丝、盐、白糖、料酒、水淀粉、高汤各适量。

做法

1. 熟牛肉切块；番茄洗净，去蒂切块。
2. 热锅热油，下入大料炸至棕红色，放葱段、姜丝炝锅，放入甜面酱炒香，加高汤、料酒、盐、牛肉块，小火焖15分钟，再放番茄块、白糖，小火炖煮至熟，用水淀粉勾芡，炒匀后出锅。

功效解析

↘牛肉中含有丰富的蛋白质，氨基酸比例也更接近人体需要，能提高人体的抗病能力。

香椿炒鸡片*

材 料

香椿200克、鸡脯肉300克。

调 料

盐、味精、料酒、淀粉、植物油、嫩肉粉各适量。

做法

1. 香椿洗净切段；鸡脯肉洗净切成片，然后放入碗中，加盐、料酒、嫩肉粉、淀粉腌渍15分钟。
2. 热锅温油，下鸡片滑炒至变色，下香椿段稍炒，加盐炒香，放入味精，炒匀起锅盛入盘中即可。

核桃仁木耳粥*

材料

核桃仁20克、黑木耳（或银耳）5克、红枣6颗、大米100克。

调料

冰糖适量。

做法

1. 将黑木耳（或银耳）放入温水中泡发，去蒂洗净，撕成瓣状；将大米淘洗干净；红枣洗净去核；核桃仁洗净。
2. 将黑木耳、大米、红枣、核桃仁同放锅内，加适量水，置大火上煮沸，用小火炖煮至黑木耳（或银耳）熟烂，大米成粥后，加入冰糖搅匀即可。

胡萝卜猪肝粥

材 料

胡萝卜60克、鲜猪肝50克、大米100克。

调 料

盐、味精各适量。

做 法

1. 胡萝卜去皮洗净，切块，猪肝洗净，均切小块，入沸水锅中焯一下，捞出，沥干水分；大米淘洗干净，备用。
2. 锅内加适量水，放入大米中火煮粥，六成熟时加入胡萝卜块、猪肝块，再煮至粥熟，调入盐、味精即可。

功效解析

猪肝含有丰富的B族维生素、铁，叶酸的含量尤为丰富，与胡萝卜同食，能预防贫血，消除疲劳。

薏米红枣粥

材 料

薏米30克、红枣15颗、糯米60克。

调 料

冰糖适量。

做 法

1. 将薏米、红枣、糯米淘洗干净，用清水浸泡2小时。
2. 把薏米、红枣、糯米连同泡米的水一起放入锅内，再倒入适量清水，先用大火熬成稀粥，再转小火熬至黏稠，加冰糖熬至溶化即可。

莲藕山药汤*

材 料

莲藕100克、山药50克、清汤500毫升、枸杞子适量。

调 料

植物油、盐、味精、白糖、姜丝各适量。

做法

1. 莲藕去皮洗净，切厚片；山药去皮洗净，切厚片；枸杞子洗净，略泡。
2. 锅内放油烧热，放入姜丝略爆，倒入清汤煮沸。
3. 放入莲藕片、山药片，用中火煮至熟透，加入枸杞子煮5分钟，加盐、味精、白糖调味，盛入碗中即可。

香菇冬瓜汤*

材 料

冬瓜400克、干香菇50克。

调 料

高汤、盐、味精、葱末、植物油各适量。

做法

1. 冬瓜去皮及瓤，清洗干净，切块；干香菇用水泡发，洗净，去蒂，切小块。
2. 汤锅置大火上，放植物油烧热，加入葱末、香菇块炝出香味后，倒入高汤煮沸，加入冬瓜块煮至材料熟。
3. 加盐、味精调味即可。

功效解析

↘香菇含有维生素B_2，冬瓜含有维生素C，二者搭配食用，有助于消除疲劳、缓解春困。

鲫鱼豆腐汤*

材 料

鲫鱼1条、豆腐200克。

调 料

姜丝、葱段、植物油、盐、胡椒粉、料酒、鸡精各适量。

做 法

1. 鲫鱼开膛，去内脏，去鳞去鳃，洗净，抹干，两面各划几刀，用盐和料酒腌渍备用。
2. 豆腐洗净切成1厘米厚的块。
3. 热锅温油，放入鲫鱼，煎至两面呈金黄色，加入水至没过鲫鱼，放入葱段、姜丝，加盖炖煮，煮沸后转小火煮30分钟。
4. 加入豆腐、盐、胡椒粉，再煮10分钟，起锅前加鸡精调味即可。

红小豆甜汤*

材 料

红小豆30克，莲子、银耳、百合各20克。

调 料

冰糖适量。

做 法

1. 红小豆洗净后放入清水中浸泡2小时；银耳、百合分别在清水中泡发，百合洗净掰开，银耳去蒂，撕成小朵；莲子洗净去心。
2. 将泡好的红小豆、银耳、莲子放入汤锅中，倒入适量清水，大火煮沸，转小火炖40分钟左右，加入百合再炖20分钟。
3. 加入冰糖煮至溶化即可。

夏季食谱——补水清热保健康

夏季是阳气最盛的季节，此时也是人体新陈代谢最旺盛的时候，人体容易因出汗过多而流失津液，人的脾胃消化功能也相对较弱，因此夏季饮食应以清淡补水为主，适当吃些清热解毒的食物，避免伤津耗气。

凉拌西瓜皮*

材料

西瓜皮200克。

调料

葱花、香油、白糖、盐、鸡精各适量。

做法

1. 将西瓜皮去青皮，去红瓤，洗净，切成条，入沸水焯熟，捞出沥水。

2. 将西瓜皮条、香油、葱花、白糖、盐、鸡精搅拌均匀即可。

功效解析

制作凉拌西瓜皮的过程中，可用白糖和醋对西瓜皮进行腌渍，若用白醋腌渍则色泽更佳。

柠檬瓜条*

材料

黄瓜2根。

调料

柠檬汁、白糖、盐、红椒块各适量。

做法

1. 黄瓜洗净，用小刀削去皮后，切成瓜条，放入盘中，撒少许盐腌渍片刻。
2. 柠檬汁、白糖同放碗中，待糖溶化后拌匀成料汁备用。
3. 瓜条取出洗去盐分，沥干水后放入盘中，将配好的料汁倒入盘中调味，放入红椒块即可。

酒香水果拼盘*

材料

菠萝、苹果、猕猴桃、香蕉各50克，圣女果8个，樱桃若干。

调料

白葡萄酒1杯、白糖少许。

做法

1. 将菠萝去皮，取肉，放入淡盐水中浸泡；苹果洗净去皮；猕猴桃、香蕉去皮备用；将菠萝肉、苹果、猕猴桃、樱桃、香蕉切成大小适中的丁，圣女果洗净切瓣。
2. 将所有材料（除樱桃丁）加入白糖和白葡萄酒拌匀，包上保鲜膜放入冰箱。
3. 1小时后从冰箱取出，放入樱桃丁即可。

姜汁四季豆丝*

材料

四季豆500克、姜丝20克。

调料

红椒丝、盐、植物油、辣椒油、白糖、味精各适量。

做法

1. 四季豆择洗干净后沥干水分，放入沸水锅中煮熟，捞出后沥干水分，切成丝，放入盆内备用。

2. 炒锅置火上，倒油烧热后倒入姜丝，炸出香味，捞出姜丝，将油倒在四季豆丝上，加红椒丝、盐、辣椒油、白糖、味精拌匀即可。

花生拌芹菜*

材料

芹菜400克、花生仁100克。

调料

姜、蒜、盐、醋、味精、香油各适量。

做法

1. 将芹菜的根和叶片去掉，只留茎，洗净后切段，入沸水中焯一下，捞出晾凉备用；姜洗净切丝；蒜洗净切末。

2. 花生仁用水煮熟，倒入焯好的芹菜段中，加上姜丝、蒜末、盐、醋、味精、香油调匀，盛盘即可。

番茄炒鸡蛋*

材 料

番茄300克、鸡蛋2个。

调 料

胡椒粉、植物油、盐各适量。

做法

1. 番茄洗净去皮，切成小块；鸡蛋打散，加盐搅匀备用。
2. 炒锅内倒油烧热，放入蛋液，炒至凝结成块，盛出备用。
3. 炒锅置大火上，倒油烧热，将番茄块倒入锅中，大火炒至出汁时加入适量盐、胡椒粉炒匀，然后放入炒好的鸡蛋翻炒均匀即可。

海蜇皮拌鸭条*

材 料

水发海蜇皮2张、烧鸭肉80克。

调 料

蒜末、姜丝、姜片、辣椒、葱段、醋、白糖、香油、酱油、盐、料酒各适量。

做法

1. 鸭肉去骨，切条；辣椒洗净，去蒂及子，切丝；海蜇皮洗净，切粗丝；将醋、白糖、香油、酱油、盐及蒜末拌匀成调料。
2. 海蜇皮丝入沸水中，加葱段、姜片及料酒煮熟，捞出海蜇皮丝过凉，盛入盘中，加入鸭肉条、辣椒丝及姜丝，淋上调料即可。

青椒炒茄丝*

材 料

茄子300克、青椒150克、红椒100克。

调 料

葱丝、姜丝、醋、白糖、盐、味精、香油、植物油各适量。

做法

1. 将茄子洗净，切成细丝，用盐腌渍，沥水；青椒、红椒洗净，去蒂及子，切成细丝。
2. 锅内放油烧热，下入葱丝、姜丝爆香，下入青椒丝、红椒丝、茄丝翻炒片刻，加入盐、醋、白糖翻炒至熟，加入味精调味，出锅前淋入香油即可。

黄瓜炒杂菇*

材 料

黄瓜300克，鲜平菇、口蘑、香菇各100克。

调 料

盐、植物油、酱油、蒜片、白糖各适量。

做法

1. 平菇、口蘑、香菇分别去蒂洗净，并切成大块备用；黄瓜洗净，切大块，用盐腌渍一下。
2. 锅中倒油烧热，倒入所有的蘑菇块翻炒5分钟，大火收汁。
3. 倒入适量酱油，加蒜片继续翻炒，加少许盐、白糖调味，最后倒入黄瓜块稍炒即可。

清炒藕片*

材 料

莲藕300克。

调 料

葱花、盐、味精、植物油、白糖各适量。

做法

1. 莲藕刮去皮，洗净，切薄片。
2. 锅中放入适量植物油烧热，下入葱花爆香，然后放入藕片翻炒。
3. 待藕片将熟时加入少许盐、白糖、味精调味即可。

功效解析

↘春季应注意多吃莲藕、菠菜、芹菜、油菜等黄绿色蔬菜，以补充体内维生素、无机盐和微量元素的不足。

苦瓜炒猪肝*

材 料

苦瓜125克、鲜猪肝250克。

调 料

料酒、酱油、香油、盐、味精、植物油各适量。

做法

1. 苦瓜洗净，去瓤及子，切片，放入盐水中腌渍5分钟。
2. 猪肝洗净，切薄片，加料酒、盐腌渍10分钟，焯水，沥干。
3. 炒锅置火上，倒油烧热，放入猪肝片炒至变色，投入苦瓜片翻炒几下，放入酱油、盐略炒，加入味精调味，淋香油即可。

辣炒空心菜梗*

材料

空心菜梗500克。

调料

盐、味精、葱段、姜片、蒜片、干红辣椒段、植物油各适量。

做法

1. 将空心菜梗洗净切段，放清水中浸泡一会儿，捞出沥干。
2. 锅置火上，倒入植物油烧至五成热，放入葱段、姜片、蒜片、干红辣椒段炝锅，放入空心菜梗段翻炒至八分熟，加入盐炒入味，加味精调味即可。

功效解析

空心菜中的膳食纤维可促进胃肠蠕动、改善便秘，还能降低胆固醇，预防心血管疾病。

丝瓜炒鸡蛋*

材料

丝瓜250克、鸡蛋2个。

调料

植物油、盐各适量。

做法

1. 丝瓜削外皮，洗净切片；鸡蛋磕入碗内，搅拌均匀。
2. 炒锅置火上，倒入植物油烧热，倒入鸡蛋液，炒至蛋液凝固，盛出备用。
3. 锅内留底油烧热，下入丝瓜片炒软，待熟时下入炒好的鸡蛋，调入盐即可。

西芹百合炒草莓*

材 料

西芹400克、草莓200克、百合100克。

调 料

植物油、盐、味精、蒜末、水淀粉各适量。

做法

1. 将西芹洗净，切菱形片；百合去蒂剥开，用清水稍泡2分钟，洗净泥沙；草莓去蒂洗净，切成片。

2. 锅内倒水烧沸，加入少许盐，下入西芹片、百合焯至断生，捞出，沥干水分。

3. 炒锅置火上，倒入植物油烧热，下蒜末炒香，再加入草莓片、西芹片、百合，放入盐翻炒均匀，调入味精，用水淀粉勾芡，出锅装盘即可。

清爽西蓝花*

材 料

西蓝花300克、胡萝卜20克。

调 料

盐、胡椒粉、鸡精、香油各适量。

做法

1. 西蓝花洗净，掰成小块，用沸水焯一下取出，过凉。

2. 胡萝卜洗净，刮去皮，切成均匀的菱形片备用。

3. 将焯过的西蓝花块沥去水分，放入适量盐、胡椒粉、鸡精拌匀装盘，上面放胡萝卜片点缀，淋上香油即可。

沙锅鸭块*

材料

鸭肉200克、猪肉100克、水发香菇50克。

调料

植物油、葱段、姜片、蒜片、高汤、盐、酱油、醋、料酒、味精、辣椒酱各适量。

做法

1. 将鸭肉洗净，切成小块；猪肉洗净切片；水发香菇洗净。
2. 将锅置火上，倒油烧至五成热，下入猪肉片煸炒片刻，放入香菇炒出香味，放入葱段、姜片、蒜片、鸭块、高汤和盐、酱油、醋、料酒，汤煮沸后倒入沙锅，用小火炖30分钟左右。
3. 另起锅放底油，下辣椒酱和蒜片煸炒出香味，倒入沙锅，最后调入味精即可。

清蒸武昌鱼*

材料

武昌鱼1条，香菇（鲜）、冬笋、熟火腿各50克。

调料

盐、料酒、味精、葱段、姜片、鸡汤、胡椒粉、酱油、姜丝、醋、熟鸡油各适量。

做法

1. 将武昌鱼处理干净，在鱼身两面剞上兰草花刀，沸水焯烫片刻后立即捞入清水盆内，洗净沥干，用盐、料酒、味精抹在鱼身上腌渍入味。
2. 将香菇、冬笋、熟火腿分别切成象眼片，放入汤锅内稍烫捞出，间隔摆放在鱼身上，成白、褐、红相间的花边。
3. 将葱段、姜片放在鱼身上，淋上适量鸡汤；将加工好的整鱼连盘入笼，用大火蒸至鱼眼变白凸出，肉质松软时取出，拣去姜片、葱段，淋上熟鸡油，撒上胡椒粉，连同用酱油、醋、姜丝调制的小味碟上桌即可。

芹菜香菇炒墨鱼*

材料

干香菇15克、芹菜150克、墨鱼肉200克。

调料

植物油、料酒、盐、味精各适量。

做法

1. 干香菇泡发，去蒂，洗净切丝；芹菜洗净，切成段。
2. 锅中加水，煮沸后倒入料酒，将墨鱼肉煮1分钟，捞出，切丝。
3. 锅烧热，放油烧至八成热，放盐、芹菜段翻炒，然后放香菇丝、墨鱼丝翻炒至熟，撒上味精拌匀即可。

功效解析

↘墨鱼中富含维生素E，有延缓衰老和预防老年痴呆的作用，与芹菜、香菇搭配食用，适合夏季清补。

茄汁鲈鱼片*

材料

鲈鱼肉300克，洋葱丁、冬菇丁各25克，青豆20克，鸡蛋1个（取蛋清）。

调料

白糖、醋、番茄酱、料酒、淀粉、盐、植物油各适量。

做法

1. 将鲈鱼肉洗净，切薄片，放入装有蛋清、淀粉、盐的碗内调匀，腌15分钟，再将鱼片裹上淀粉，投入七成热的油中炸至金黄捞出。
2. 另置锅烧热油，炒洋葱丁、冬菇丁，倒白糖、醋、番茄酱、料酒，以大火煮沸，放青豆翻炒，加盐，再放鱼片搅翻均匀即可。

海带绿豆粥*

材料

海带、绿豆各30克，大米100克。

调料

白糖适量。

做法

1. 海带泡开后，洗净，切片；绿豆浸泡约2小时；大米淘洗干净沥干备用。
2. 海带片、绿豆、大米同放入锅中，加入适量水大火煮沸，然后转小火熬至熟烂。
3. 将熟时加入少许白糖调味即可。

丝瓜粥*

材料

大米50克、丝瓜1根、虾米20克。

调料

盐、胡椒粉各适量。

做法

1. 大米洗净，加水浸泡约20分钟，捞出放入锅中，加入适量水大火煮沸，然后改小火熬煮。
2. 丝瓜削皮后洗净，切片；虾米泡软，二者一同放入粥内煮至熟软。
3. 最后加入少许盐、胡椒粉拌匀即可。

荷叶薏米陈皮粥*

材 料

薏米、大米各30克，荷叶、陈皮各10克。

调 料

白糖少许。

做法

1. 陈皮、薏米、大米分别洗净，薏米浸泡2小时，大米浸泡半小时；荷叶洗净，切碎备用。
2. 将薏米、大米在沸水锅中同煮30分钟，加入陈皮转中火煮10分钟后再加入荷叶碎继续中火煮5分钟。
3. 食用时依据个人口味加入白糖调味即可。

功效解析

此粥中的荷叶、薏米有消渴生津、清热解暑的作用，适宜炎热夏季清补。

鲫鱼红小豆蒜粥*

材 料

鲫鱼1条、红小豆60克、蒜30克、大米100克。

调 料

葱、姜、料酒、盐、味精、香油各适量。

做法

1. 将鲫鱼剖洗干净，切成大块；红小豆、大米分别洗净后用清水浸泡约1小时；蒜去皮洗净，切片；葱、姜分别洗净切末。
2. 锅内加水适量，放入鲫鱼块、大米、红小豆、蒜片、葱末、姜末、料酒、盐同煮。
3. 待米熟烂后加入味精、香油即可。

蛋花空心菜清汤*

材料

空心菜200克、鸡蛋2个。

调料

植物油、清汤、盐、胡椒粉、香油、葱、姜各适量。

做法

1. 空心菜择洗干净，切段；鸡蛋磕入碗中打散；葱、姜分别洗净切丝备用。

2. 锅置火上，放入植物油烧至五成热时，放入葱丝、姜丝炝锅，加入空心菜段略炒片刻，随即加入清汤大火煮至汤沸，改小火淋入蛋液，加盐、胡椒粉调味，淋入香油即可。

竹荪黄瓜汤*

材料

黄瓜100克、竹荪150克、小白菜20克。

调料

盐、味精、高汤、姜片各适量。

做法

1. 将竹荪用清水浸泡4小时，取出洗净，切段；黄瓜洗净，切成片；小白菜择去黄叶洗净，切段。

2. 锅置火上，倒入高汤，大火煮沸，放入竹荪段、姜片，小火煮约半小时，放入黄瓜片、小白菜段继续煮3分钟。

3. 加盐、味精调味即可。

南瓜绿豆汤*

材料

南瓜450克、绿豆200克、山药50克、薏米30克。

调料

盐、味精、清汤各适量。

做法

1. 南瓜去皮，洗净，去瓤，切片；山药洗净，去皮，切片；绿豆、薏米分别洗净，入清水中浸泡约30分钟。
2. 锅置火上，倒入清汤大火煮沸，放入绿豆、薏米、南瓜片、山药片，先用大火煮沸，再转小火慢炖至绿豆开花。
3. 加盐、味精调味即可。

功效解析

南瓜中含铬和膳食纤维，与绿豆同食，不仅能为机体清热补水，为健康加分，还能延缓糖尿病患者餐后血糖上升。此汤是适合夏季常食的消暑佳品。

秋季食谱——清淡养阴润秋燥

秋季阳气渐收、阴气渐长，此时人体也应顺应四时变化的规律，进入保护阴气的时机，在饮食方面应以防燥养阴、滋阴润燥为主。秋季引补是中医养生的要旨之一，可为冬令进补打好基础，避免冬季虚不受补情况的发生。

凉拌木耳丝*

材 料

鸡蛋2个、水发黑木耳150克、青豆100克。

调 料

葱、盐、香油、醋、酱油、植物油各适量。

做法

1. 把葱洗净切末，与盐、香油、醋、酱油调成味汁备用；鸡蛋打散，平底锅加植物油烧热，放入蛋液，摊成蛋饼，然后切为细丝。
2. 黑木耳洗净切丝，在沸水中焯熟后，沥干晾凉；青豆洗净，入沸水煮熟后，捞出过凉沥干。
3. 把鸡蛋丝、黑木耳丝、青豆一起放盘中，加入调好的味汁搅拌均匀即可。

木耳生菜*

材料

生菜400克、水发黑木耳丝50克。

调料

干红辣椒2个，姜、盐、味精、醋、香油、白糖各适量。

做法

1. 生菜择洗干净，切为长段，加入少许盐稍腌备用；干红辣椒去蒂及子，泡软切丝；姜去皮，洗净切丝。
2. 将生菜段挤去水分，加醋、白糖、盐、味精拌匀，装入盘内，放上干红辣椒丝、黑木耳丝、姜丝，淋入香油，拌匀即可。

金针菇拌萝卜丝*

材料

胡萝卜1根、金针菇50克。

调料

盐、味精、醋、香油、胡椒粉、葱各适量。

做法

1. 胡萝卜去皮洗净，切丝，入沸水中焯烫，捞出沥干；葱洗净，切葱花备用。
2. 金针菇洗净，入沸水焯烫后捞出晾凉。
3. 胡萝卜丝、金针菇中放入适量盐、味精、醋、香油、胡椒粉、葱花拌匀即可。

糖醋藕片*

材料

莲藕500克、红椒片适量。

调料

白糖、醋、盐、香油、花椒、植物油各适量。

做法

1. 将藕去皮洗净，切片，入沸水锅中焯熟，捞出过凉，沥干水分；花椒入热油锅中，炸成花椒油。
2. 将藕片放入盛有白糖、醋、盐、香油的碗中拌匀，上桌前放上红椒片，将花椒油同花椒一起倒入碗中即可。

功效解析

↘莲藕具有消淤清热、除烦解渴、止血化痰的功效，可用于健脾、养阴，适合夏秋季清热补水。

香菇四季豆*

材料

水发香菇150克、四季豆段400克。

调料

盐、味精、白糖、酱油、植物油、高汤、水淀粉、葱末、姜末、蒜末各适量。

做法

1. 将四季豆段焯透；香菇去蒂，洗净切片，焯烫后捞出沥干水分。
2. 热锅热油，下入四季豆段炸熟，捞出沥油；锅内留底油，放葱末、姜末、蒜末炝锅，倒入四季豆段、香菇片，加入盐、白糖、酱油炒匀，加少许高汤稍焖一会儿，加味精调味，用水淀粉勾芡即可。

炒三丝*

材 料

绿豆芽、豆腐皮各150克，韭菜100克。

调 料

盐、味精、白糖、醋、植物油各适量。

做法

1. 将绿豆芽洗净，沥干水分；韭菜洗净切段，沥干水分；豆腐皮洗净切丝备用。
2. 锅置火上，倒入植物油烧至五成热时，下入绿豆芽、豆腐皮丝煸炒片刻，加入盐、白糖炒至六成熟时下入韭菜段炒熟，出锅前放少许醋、味精调味即可。

榨菜炒银耳*

材 料

水发银耳300克、榨菜200克。

调 料

盐、味精、白糖、植物油、葱末、姜末、蒜末各适量。

做法

1. 银耳去蒂，洗净，撕成小朵；榨菜洗净，切成象眼片，入沸水锅中焯烫一下，捞出沥干水分备用。
2. 锅置火上，倒入植物油烧至五成热，放入葱末、姜末、蒜末炝锅，放入榨菜片、银耳翻炒，再加入盐、白糖翻炒至熟，出锅前加味精调味即可。

丝瓜烧豆腐*

材料

丝瓜300克、老豆腐200克、鲜香菇适量。

调料

盐、味精、酱油、水淀粉、香油、植物油、葱段、姜片各适量。

做法

1. 丝瓜去皮，洗净，切成小块，下热油锅滑熟；老豆腐洗净，切小块，放入沸水中焯5分钟，捞出，沥干水；香菇去蒂，洗净，切片。
2. 锅置火上，倒入植物油烧至五成热，下入葱段、姜片炝锅，放入豆腐块、丝瓜块、香菇片、盐、酱油，小火烧至熟，出锅前加味精调味，用水淀粉勾芡收汁，淋香油即可。

豌豆鸡丝*

材料

豌豆150克、鸡脯肉200克、红椒10克、鸡蛋1个（取蛋清）。

调料

盐、味精、白糖、干淀粉、植物油、葱段、姜片、蒜片、水淀粉各适量。

做法

1. 将鸡脯肉洗净切丝，沥干，用鸡蛋清、干淀粉上好浆，入六成热的油锅内滑熟，捞出沥油备用；豌豆洗净，入沸水焯烫后过凉；红椒去蒂及子，洗净切成丁。
2. 锅置火上，倒入植物油烧至五成热，加葱段、姜片、蒜片炝锅，放入鸡丝、豌豆、红椒丁翻炒，加入盐、白糖翻炒，出锅前加味精调味，用水淀粉勾芡收汁即可。

番茄鸡块*

材 料

鸡肉200克、番茄400克、青椒1个。

调 料

盐、味精、胡椒粉、酱油、白糖、植物油、香油、葱段、姜片、高汤各适量。

做法

1. 将鸡肉洗净剁块，焯烫备用；番茄洗净切块；青椒洗净切块。

2. 热锅热油，下葱段、姜片炝锅，下鸡块煸炒，放入盐、胡椒粉、酱油、白糖炒匀，加入高汤，大火煮沸转小火焖40分钟，至鸡肉熟烂，放入番茄块、青椒块再炖10分钟，加味精调味，淋香油即可。

木瓜炖排骨*

材 料

猪排骨、木瓜各400克，高汤1500毫升。

调 料

盐、味精、胡椒粉、植物油、香油、花椒、大料、葱段、姜片各适量。

做法

1. 将排骨洗净剁寸段，入沸水锅中焯烫，捞出冲净浮沫，沥干水分备用；木瓜洗净，去皮及子，切滚刀块。

2. 锅置火上，倒入植物油烧至五成热，下入葱段、姜片、花椒、大料炝锅，放入排骨段，加入高汤，加入盐、胡椒粉，小火焖45分钟左右至排骨熟烂，放入木瓜块再炖5分钟，加入味精调味，淋香油即可。

蜂蜜蒸梨*

材 料

梨200克、蜂蜜30克。

调 料

白糖、红樱桃、绿樱桃各适量。

做法

1. 将梨洗净去皮、核，放入碗内备用。
2. 在碗中加入蜂蜜，上笼蒸熟取出，用白糖调味，可将红樱桃、绿樱桃放在上面作为装饰。

功效解析

蒸梨是中国传统的食疗补品，可以滋阴润肺、止咳祛痰，对咽喉具有良好的润泽保护作用。“梨膏糖”更是闻名中外，它是用梨加蜂蜜熬制而成，对患肺热、久咳症的病人有明显疗效。

松仁鸡米花*

材 料

鸡脯肉400克、熟松仁20克、胡萝卜1根。

调 料

盐、味精、水淀粉、香油、葱花、植物油各适量。

做法

1. 鸡脯肉洗净切末，用盐、水淀粉腌渍入味；胡萝卜洗净切末备用。
2. 锅置火上，加入植物油烧至五成热，下入鸡肉末滑熟。
3. 锅内留余油，下葱花炝锅，下入鸡肉末、胡萝卜末、盐炒至熟，加入盐、味精调味，用水淀粉勾芡收汁，淋香油，撒上熟松仁即可。

蜜饯水蜜桃*

材 料

鲜水蜜桃500克。

调 料

白糖、蜂蜜、植物油、红樱桃、绿樱桃各适量。

做法

1. 将鲜桃洗净去皮，一剖两半，去核，放入大碗中，蒸熟装盘，放红樱桃、绿樱桃作为装饰。
2. 锅置火上，倒入植物油烧至五成热，放入白糖和适量水炒化成浓汁，起锅晾凉，加入蜂蜜搅匀，浇在桃瓣上即可。

蟹黄豆腐*

材 料

蟹黄20克（市场有售）、内酯豆腐1盒。

调 料

盐、味精、料酒、水淀粉、植物油、葱花、姜末、清汤各适量。

做法

1. 豆腐洗净，切成1厘米见方的小丁；蟹黄蒸熟备用。
2. 锅置火上，倒入植物油烧至五成热，下入葱花、姜末爆香，下入清汤、豆腐、盐、料酒煮沸入味，加味精调味，用水淀粉勾芡，放入蒸好的蟹黄，翻炒均匀即可。

小米山药粥

材料

干山药片30克，鸡内金、山楂各10克，小米150克。

调料

白糖少许。

做法

1. 干山药片和鸡内金分别研成粉末备用；山楂洗净，去核，切片；小米淘净后用清水浸泡20分钟。

2. 锅中加入适量清水，放入小米、山楂片一同熬煮。

3. 待粥煮至八成熟时，放入山药粉和鸡内金粉，再煮片刻，加入白糖调味即可。

杏仁提子麦片粥

材料

烤杏仁片、麦片各50克，提子干30克。

调料

蜂蜜、盐各适量。

做法

1. 锅置火上，放入适量盐和水煮沸，转小火，边搅拌边倒入麦片，然后一边搅拌一边煮1分钟。

2. 关火，让粥冷却10分钟，加入提子干、烤杏仁片和蜂蜜搅匀即可。

番茄豆腐糯米粥

材料

番茄1个、豆腐150克、糯米100克。

调料

植物油、盐、味精、香油、胡椒粉各适量。

做法

1. 番茄洗净切块；豆腐洗净切块；糯米洗净浸泡2小时。
2. 锅中放油烧热，下入番茄块煸炒，加入盐、糯米和适量水同煮，大火煮沸后下入豆腐块，小火继续煮40分钟。
3. 待米煮至熟烂时，加入盐、味精、香油、胡椒粉调味即可。

腐竹麦片白果粥

材料

大米、腐竹、麦片、去皮白果各适量。

调料

白糖适量。

做法

1. 把大米淘洗干净后，浸泡2小时备用；麦片冲洗干净备用。
2. 将腐竹用温水泡发，洗净，切成小丁；白果洗净，入沸水锅中焯熟，沥干水分备用。
3. 锅内放水煮沸后，下入大米煮15分钟，转小火把腐竹丁放入锅内再煮10分钟，加入麦片、白果煮熟后，加白糖调味即可。

莲藕红枣牛骨汤

材料

莲藕400克、红枣20克、陈皮3克、牛骨500克。

调料

盐、味精、姜片各适量。

做法

1. 莲藕去皮洗净，切块；红枣洗净去核；陈皮洗净泡开；牛骨洗净，用刀背拍裂。
2. 煲锅置火上，倒入适量清水，放入藕块、红枣、牛骨、姜片、陈皮，大火煮沸后改小火煲约3小时。
3. 加盐、味精调味即可。

功效解析

↘牛骨富含钙质和骨胶原，有强身壮骨的作用，同时，莲藕有健脾、养胃、养血之功效，二者同食可健脾补虚、强筋健骨。

西蓝花鸡汤

材料

西蓝花150克，胡萝卜、水发黑木耳各50克，净鸡半只，玉米粒40克。

调料

盐、料酒、姜片各适量。

做法

1. 西蓝花、胡萝卜洗净切块；鸡洗净切块，入沸水中焯去血水；玉米粒洗净；水发黑木耳洗净，撕成朵。
2. 煲锅中倒入清水煮沸，加鸡肉块、姜片、料酒改小火煲约1小时，下入剩余材料继续煮半小时，加盐调味即可。

鲜贝冬瓜汤*

材料

鲜贝30克、冬瓜200克、香菇50克、猪瘦肉100克。

调料

盐、酱油、淀粉、香油、味精、料酒、葱花各适量。

做法

1. 将鲜贝洗净，切成块；香菇泡发去蒂，洗净，切块；冬瓜去皮去瓤，洗净，切块；猪瘦肉洗净，切成片，加酱油、料酒、淀粉拌匀腌渍片刻。

2. 汤锅中放入适量清水，大火煮沸后放入冬瓜块、香菇块，大火煮沸后改小火，加入猪瘦肉片、鲜贝块煮约10分钟。

3. 加盐、味精调味，淋入香油，撒上葱花即可。

香菇鲫鱼汤*

材料

鲫鱼400克、水发香菇100克、粉丝50克。

调料

盐、胡椒粉、姜片、植物油各适量。

做法

1. 水发香菇洗净，切块；粉丝入水泡软洗净；鲫鱼宰杀去除内脏，洗净后沥干，入热油锅中两面稍煎，盛入煲锅中。

2. 煲锅中加入适量清水，放入姜片，大火煮沸改小火后加入香菇块煮至汤呈白色，下粉丝大火煮至粉丝熟软，加盐、胡椒粉调味即可。

冬瓜薏米瘦肉汤*

材料

猪瘦肉100克、冬瓜200克、薏米150克。

调料

盐、味精、香油、高汤各适量。

做法

1. 猪瘦肉洗净，切末备用；薏米洗净，用水浸泡2小时；冬瓜洗净，去皮去瓤，切成象眼片。

2. 沙锅置火上，倒入高汤，下入薏米、猪肉末、盐，大火煮沸，转小火煮30分钟至米熟烂，倒入冬瓜片煮至入味，加味精调味，淋入香油即可。

粉丝萝卜汤*

材 料

白萝卜150克，粉丝、洋葱各50克。

调 料

盐、胡椒粉、味精、香菜、高汤各适量。

做法

1. 白萝卜去皮，洗净，切细丝；粉丝用温水泡发好，剪成段，洗净；洋葱洗净切丝；香菜洗净切段。
2. 锅置火上，倒入高汤大火煮沸，放入白萝卜丝煮熟，加入粉丝、洋葱丝煮约5分钟。
3. 加盐、胡椒粉、味精调味，撒上香菜段即可。

番茄土豆汤*

材 料

番茄100克、土豆150克、芹菜50克。

调 料

植物油、醋、盐、鸡精、香油、胡椒粉、高汤各适量。

做法

1. 番茄洗净，切小块；土豆去皮，洗净，切薄片；芹菜留叶一起洗净，入沸水中稍焯，捞出沥水，切段。
2. 将番茄块、芹菜段入热油锅中翻炒出香味，倒入高汤煮沸，加入土豆片煮至熟软，放入适量醋、盐、鸡精、胡椒粉调味，淋入香油搅匀即可。

冬季食谱——滋补暖身重调养

冬季是万物生机潜伏闭藏的季节，人体的阳气也要敛藏于内，脾胃功能相对虚弱。冬季饮食养生的基本原则也是要顺应体内阳气的潜藏，敛阳护阴，饮食应多以滋补食物为主，少食寒凉之物。

土豆烧牛肉*

材料

牛肉500克、土豆250克。

调料

植物油、葱花、姜片、酱油、料酒、盐、白糖、味精各适量。

做法

1. 将牛肉洗净，切大块，放入沸水中略煮，捞出，晾凉，切成小块；将土豆去皮，洗净，切成滚刀块。
2. 锅内放油烧热，下葱花、姜片炒香，加入适量清水、酱油、料酒、盐、白糖、牛肉块和土豆块，炒匀加盖，小火烧至肉烂取出，加味精拌匀，装盘即可。

青红椒牛肉丝*

材料

牛瘦肉400克，青椒、红椒各30克，鸡蛋1个。

调料

葱末、蒜末、植物油、酱油、淀粉、味精、盐、料酒、胡椒粉、白糖各适量。

做法

1. 青椒、红椒洗净，去蒂及子，切成细丝。
2. 鸡蛋磕入碗中，搅打成蛋液。
3. 牛瘦肉洗净，切成细丝，用酱油、蛋液、淀粉拌匀。
4. 锅内倒油烧热，爆香葱末、蒜末，放入牛肉丝炒至八成熟，放入红椒丝、青椒丝、酱油、料酒、胡椒粉、白糖炒至牛肉熟，加盐、味精调味即可。

南瓜牛腩盅*

材料

牛腩肉300克、南瓜250克。

调料

植物油、盐、姜、香油各适量。

做法

1. 南瓜去皮，洗净，切块；姜洗净切块。
2. 锅置火上，放植物油烧热，将南瓜块炸至微红，捞起备用。
3. 牛腩肉洗净切块，同盐、姜块一起装入炖盅，加入适量沸水，待其炖至将烂时，放入南瓜块，再炖至烂熟为止。
4. 食用时拣去姜块，滴入香油即可。

回锅肉

材 料

猪五花肉300克，青椒片、红椒片各30克。

调 料

植物油、面酱、酱油、料酒、白糖、盐、豆瓣酱、葱末、味精各适量。

做法

1. 猪五花肉洗净，整块煮至八成熟，捞出沥水，切片。
2. 锅内加油烧热，下肉片煸炒至肉出油卷起，加入豆瓣酱、面酱炒香，下青椒片、红椒片和酱油、料酒、白糖、葱末，再翻炒几下，加味精、盐调味即可。

红烧狮子头

材 料

胡萝卜、油菜各50克，猪肉馅250克。

调 料

馅味料（葱末、姜末、蒜末、淀粉、胡椒粉、酱油、盐调制而成）、植物油、酱油、料酒、香油、水淀粉各适量。

做法

1. 胡萝卜洗净切块；油菜洗净焯熟；在装猪肉馅的碗中加入馅味料拌匀，搅至有弹性，做成肉丸，将肉丸放油锅炸至金黄。
2. 锅内留油，放入胡萝卜块略炒，加肉丸、酱油、料酒、水，中火焖煮至熟透，用水淀粉勾芡，淋香油盛盘，盘边围上焯好的油菜即可。

白萝卜炒肉片*

材料

白萝卜300克、猪肉150克。

调料

葱丝、姜丝、盐、料酒、淀粉、味精、植物油各适量。

做法

1. 白萝卜洗净，切成片，焯水，捞出过凉；猪肉洗净，切片，用料酒、盐、淀粉腌渍。
2. 锅置火上，倒油烧热，放姜丝、葱丝爆香，放入猪肉片炒至断生，放入白萝卜片翻炒。
3. 待萝卜片熟后，加入盐、味精调味即可。

家常芋头烧排骨*

材料

排骨300克、芋头200克。

调料

植物油、白糖、酱油、料酒、葱段、姜片、大料、盐、鸡精、香油各适量。

做法

1. 将排骨放入沸水锅中焯熟后取出备用。
2. 锅中倒油烧热，放入白糖小火炒至变色后，放入排骨，加酱油、料酒、葱段、姜片、大料煸炒片刻，放入焯好的排骨。
3. 待排骨上色后，加适量清水，放入芋头炖10分钟，放盐、鸡精搅拌均匀，淋香油出锅即可。

孜然羊肉

材 料

羊肉300克、莴笋50克、鸡蛋1个（取蛋清）、面粉40克。

调 料

干淀粉、植物油、调味料（辣椒粉、盐、白糖、料酒、孜然、高汤调制成）、味精、水淀粉各适量。

做法

1. 羊肉洗净切片，加蛋清、干淀粉、面粉抓匀腌渍片刻。
2. 莴笋去皮洗净，切菱形片；锅内倒油，烧至五成热，下肉片炒至变色，放入笋片翻炒至熟，盛出；锅内留少许油，加调味料，倒入肉片、笋片翻炒，调入味精，用水淀粉勾芡出锅即可。

山药炒羊肉

材 料

山药200克、羊肉150克。

调 料

葱末、姜末、蒜末、干红辣椒、盐、鸡精、植物油各适量。

做法

1. 山药洗净，去皮，切片；羊肉洗净，切丝；干红辣椒洗净切段。
2. 锅置火上，放少许油烧热后放入羊肉丝炒至变色出锅。
3. 锅中再放油，烧至八成热时放入葱末、姜末、蒜末、干红辣椒段，爆出香味，放入山药片翻炒，放入羊肉丝，汤汁快收干时，加入盐和鸡精调味即可。

枸杞羊肉丝*

材 料

羊肉丝300克、枸杞子15克、冬笋丝50克。

调 料

盐、干淀粉、水淀粉、白糖、味精、料酒、酱油、香油、花椒水、胡椒粉、葱段、葱花、姜末、蒜泥、植物油各适量。

做法

1. 羊肉丝加盐、花椒水、料酒、葱段腌渍，将羊肉丝取出，加干淀粉上浆；枸杞子洗净，用温水略泡。
2. 白糖、味精、料酒、酱油、花椒水、胡椒粉、葱花、姜末、蒜泥、水淀粉对成料汁。
3. 锅置火上，倒入植物油烧热，将肉丝放入炒透，冬笋丝下锅同炒至熟，加入枸杞子，加料汁，翻炒入味，淋香油炒匀即可。

豆浆炖羊肉*

材 料

羊肉500克、山药200克、豆浆500毫升。

调 料

香油、盐、姜丝各适量。

做法

1. 山药去皮洗净，切成片。
2. 羊肉洗净切成片和豆浆一起倒入锅中，加适量清水、姜丝大火煮沸后转小火炖煮；炖1小时后，加入山药片再煮30分钟；出锅前加盐调味，淋入香油即可。

功效解析

羊肉鲜嫩、豆浆滑润，这道菜可补气血，适用于气血虚弱所导致的乳房偏小。

腰果炒鸡丁*

材料

鸡腿肉150克，腰果100克，鸡蛋1个（取蛋清），黄瓜丁、胡萝卜丁各适量。

调料

盐、味精、淀粉、蚝油、料酒、植物油、酱油、葱花、蒜末、姜丝各适量。

做法

1. 鸡腿肉去骨，切成1.5厘米见方的丁，加少许盐、料酒、酱油、淀粉、蛋清腌渍5分钟。
2. 热锅温油将腰果炸至八成熟捞出。
3. 锅内留余油，烧热，下入葱花、蒜末、姜丝爆香，再将鸡丁倒入，炒至肉色发白时，加入盐、蚝油、腰果、黄瓜丁、胡萝卜丁翻炒均匀，出锅前加味精调味即可。

栗子炒鸡块*

材料

鸡半只、栗子250克。

调料

植物油、盐、姜片、葱末、酱油、白糖、五香粉各适量。

做法

1. 鸡剖洗干净，斩成块，用沸水焯至半熟，捞出沥水备用。
2. 锅内放少许油烧热，下葱末、姜片略炒，再放入鸡块炒至变色，加栗子煸炒至熟，加入适量酱油、盐、五香粉、白糖及水，用大火煮沸，改小火焖透即可。

牛蒡炖鸡*

材 料

牛蒡300克、净全鸡500克。

调 料

葱段、姜片、盐、鸡精、胡椒粉、料酒、大料、茴香、陈皮、花椒各适量。

做法

1. 将牛蒡去皮洗净，斜切成厚片。
2. 将鸡洗净剁成大块，用沸水焯一下捞出，冲净浮沫备用。
3. 锅内加适量水，放入鸡块，煮沸后加入料酒、盐、茴香、陈皮、花椒、大料、葱段、姜片，炖煮20分钟后加入牛蒡片，转小火炖至肉熟，出锅前撒入鸡精、胡椒粉即可。

魔芋烧鸭*

材 料

嫩肥鸭1只，魔芋、青蒜段各适量。

调 料

料酒、盐、酱油、味精、郫县豆瓣酱、姜丝、蒜末、水淀粉、花椒、高汤、植物油各适量。

做法

1. 嫩肥鸭去鸭头、颈、翅尖、脚掌，剔去大骨，斩成块；魔芋切成条，放沸水锅内煮5分钟，再泡入温水备用。
2. 炒锅置大火上，下植物油烧至七成热时，放入花椒、豆瓣酱、鸭块煸炒至浅黄色，再将锅洗净加入高汤烧沸，放入鸭块、魔芋条、姜丝、蒜末、料酒、酱油烧至汁浓鸭软、魔芋入味时，加入青蒜段、盐、味精调味，用水淀粉勾薄芡起锅装盘即可。

香辣土豆丝*

材料

土豆500克，水发香菇、青椒各50克，胡萝卜25克。

调料

干红辣椒、盐、味精、料酒、葱花、姜丝、植物油、水淀粉、香油各适量。

做法

1. 将香菇、青椒、胡萝卜去皮分别洗净切丝，用沸水焯一下捞出，青椒过凉；干红辣椒洗净去蒂切段；土豆削皮洗净切丝，用凉水冲洗，沥干水分。
2. 炒锅倒植物油烧热，下入干红辣椒段爆香，放入葱花、姜丝炒香，倒入土豆丝煸炒至半透明状，加入青椒丝、香菇丝、胡萝卜丝、盐、料酒稍加翻炒，用水淀粉勾薄芡，加味精调味，淋上香油即可。

木耳炒山药*

材料

水发黑木耳50克、山药200克。

调料

枸杞子、葱末、姜末、蒜末、盐、味精、植物油、花椒、水淀粉各适量。

做法

1. 山药去皮，洗净后切片，用沸水焯烫；水发黑木耳洗净，撕成小朵备用；枸杞子洗净，稍泡。
2. 锅中放入适量油烧热，下葱末、姜末、蒜末爆香，放入黑木耳、枸杞子、花椒翻炒，加入少许盐炒匀后，加入山药片翻炒均匀，再加少许味精调味，用水淀粉勾薄芡即可。

白菜木耳*

材料

水发黑木耳100克、白菜250克。

调料

酱油、盐、花椒、葱花、水淀粉、植物油各适量。

做法

1. 选择白菜的中段，洗净切成小片；把水发黑木耳洗净，去蒂，撕成朵。

2. 炒锅内放植物油烧热，下花椒炸香，放入葱花煸香，随即下入白菜片煸炒至白菜片透明时放入黑木耳，加酱油、盐炒匀，用水淀粉勾薄芡即可。

蘑菇油菜*

材料

鲜蘑菇（根据个人喜好选择不同口味的蘑菇）200克、油菜600克。

调料

料酒、盐、味精、白糖、水淀粉、香油、植物油、鸡汤各适量。

做法

1. 将油菜洗净后在根部切十字花刀；将鲜蘑洗净撕条备用。

2. 炒锅烧热，放入植物油烧至五成热时放入油菜，炒至熟软后加入鸡汤、盐、料酒、白糖，小火煸炒入味后将油菜捞起码在盘中。

3. 锅内留底油烧热，放入鲜蘑菇条，加少许盐炒至熟软，加味精调味，用水淀粉勾芡，淋入香油，浇在码好的油菜上即可。

鸡蛋牛肉粥*

材料

鸡蛋1个（取蛋黄）、大米100克、牛瘦肉50克。

调料

盐少许。

做法

1. 大米洗净，放入锅中加适量水煮成粥，备用。
2. 牛瘦肉洗净，切片，待粥将熟时放入粥中同煮。
3. 出锅前在粥中放入蛋黄煮熟，调入盐，搅拌均匀即可。

牡蛎肉末粥*

材料

米饭200克，鲜牡蛎100克，猪瘦肉末50克，芹菜、冬苋菜各15克。

调料

植物油、香油、高汤、胡椒粉、盐各适量。

做法

1. 鲜牡蛎去壳洗净捞出沥干；芹菜、冬苋菜分别洗净，切末。
2. 猪瘦肉末加盐、植物油、胡椒粉、香油拌匀，腌10分钟左右。
3. 米饭用沸水浸泡片刻，加入高汤煮沸，放入猪瘦肉末及牡蛎，用小火熬煮至熟，加盐，撒入芹菜末、冬苋菜末略煮即可。

南瓜小米粥*

材料

小米、南瓜、红枣各适量。

调料

白糖适量。

做法

1. 将南瓜洗净去皮及子，切成小块；小米洗净备用；红枣洗净沥干水分。
2. 锅中加适量水，煮沸后下入小米煮20分钟，转小火，撇去浮沫，再下入南瓜块、红枣，煮至粥黏稠。
3. 加入适量白糖再煮2分钟即可。

功效解析

↘小米与南瓜都含有类胡萝卜素，在体内可转化成维生素A，有助于保护眼睛与皮肤，延缓衰老。

黑芝麻粥*

材料

黑芝麻、大米各30克，糯米20克，核桃仁、杏仁、花生仁各15克。

调料

白糖适量。

做法

1. 大米、糯米、核桃仁、杏仁、花生仁均洗净；净锅置火上加热，将黑芝麻放入干锅炒熟备用。
2. 锅中放适量清水，加入大米、糯米共同熬煮20分钟；转小火，放入剩余材料再煮20分钟，加白糖调味即可。

红薯栗子排骨汤*

材料

红薯300克、排骨200克、栗子150克、红枣10颗、高汤1500毫升。

调料

盐、味精、香油、胡椒粉、葱段、姜片、大料各适量。

做法

1. 将红薯洗净，去皮切成滚刀块；栗子去皮焯水；将排骨洗净剁寸段，入沸水锅中焯烫，捞出冲净浮沫，沥干备用。
2. 沙锅内倒入高汤，加排骨段，大火煮沸后加入盐、胡椒粉、葱段、姜片、大料煮30分钟至排骨熟烂，加入栗子、红薯块、红枣，再煮20分钟后，加味精调味，淋入香油即可。

党参羊肉汤*

材料

带皮羊排1500克，胡萝卜400克，党参、当归片、红枣、桂圆各适量。

调料

料酒、盐、姜丝、葱段各适量。

做法

1. 羊排洗净后，斩成小块，入沸水中焯烫片刻，捞出冲净浮沫；胡萝卜洗净，切滚刀块备用；党参、当归片、红枣、桂圆分别洗净。
2. 将羊排块放入沙锅中，加水至没过羊排，放入料酒、姜丝、葱段、党参、当归片、红枣、桂圆小火熬煮。
3. 煮沸后撇去浮沫，捞出葱段不要，继续小火炖半小时，放入胡萝卜块、盐再继续小火炖半小时即可。

黑豆鱼头汤*

材 料

胖头鱼鱼头500克、黑豆200克。

调 料

植物油、盐、味精、香油、高汤、葱末、姜末各适量。

做法

1. 胖头鱼鱼头去鳃，洗净，剖开；黑豆洗净，入清水中浸泡1小时备用。
2. 锅中倒入适量植物油，烧至五成热，加入鱼头稍煎，倒入煲锅中。
3. 煲锅中加入高汤、黑豆、姜末大火煮沸，改小火煮至黑豆熟烂，加盐、味精调味，撒上葱末，淋上香油即可。

当归生姜羊肉汤*

材 料

羊腿肉50克，生姜、当归各10克。

调 料

盐、味精、香油各适量。

做法

1. 羊腿肉洗净切片，入沸水锅中焯烫一下捞出备用；生姜、当归均洗净切成小片。
2. 锅中加水，下入羊肉片、当归片、生姜片，大火烧沸后改小火炖15分钟，加盐、味精调味，淋香油出锅即可。

功效解析

↘ 此汤有温中补血、调经散寒的功效，适宜体寒者冬季滋补。

Part 3

对症食疗

祛病强身保健康

Message

◆疾病的预防与食疗

◆患病期的辅助饮食原则

◆预防疾病的健康细节

人食五谷，难免生病，但生病后怎样治疗，方法就各有不同了。有些疾病可以通过日常饮食调理而得以治愈或缓解。许多常见的蔬菜、水果、谷类都有各自的药用功效，只要选对食物，就可以轻松地发挥其食疗作用了。

呼吸系统疾病的预防与食疗

感冒

症状

感冒，俗称伤风。是由病毒或细菌感染引起的上呼吸道炎症。初期有咽干、咽痒或咽部烧灼感，发病同时或数小时后，可有喷嚏、鼻塞、流清水样鼻涕；2～3天后鼻涕变稠，可伴有咽痛，也可出现流泪、味觉迟钝、声嘶、少量咳嗽等。有时有低热、轻度畏寒和头痛等症状。

病因

受凉、淋雨、过度疲劳、烟酒过度等因素，使全身或上呼吸道局部抵抗力降低，原已存在于呼吸道的或从外界侵入的病毒、细菌就可迅速繁殖，引起感冒。自身营养不良、缺乏锻炼或免疫力差都易患感冒。

辅助饮食原则和注意事项

1. 多喝粥。感冒会弱化消化功能，喝粥有助于发汗、散热、祛风寒。忌过量摄取脂类和食物纤维，以免增加胃肠道负担。

②增加水分摄入。多喝水可促进人体代谢，主要以白开水为主，可适当辅以山楂汁、猕猴桃汁、鲜橙汁等酸性果汁。但咳嗽、腹泻者要少食果汁或水果，因其较寒凉，易使病情加剧。

③多吃富含维生素C的食物。如草莓、猕猴桃、柑橘（尤其是金橘）等新鲜水果及各类新鲜蔬菜。

④多吃富含维生素A的食物。维生素A能保护黏膜健康，增强其抗病毒能力。**动物肝脏、牛奶等富含维生素A；胡萝卜、茼蒿、南瓜等蔬菜中富含胡萝卜素，可在体内转化为维生素A。**

⑤忌烟酒。烟酒刺激呼吸道和消化道黏膜，于病情不利。

⑥忌辛辣、性温食物。辣椒、胡椒、咖喱、芥末等辛辣刺激之物，以及涮羊肉、狗肉、麻婆豆腐等性温食物，均会增热助火，加重病情。

⑦患感冒后要注意休息，保持室内空气流通。

预防感冒的健康细节

A 坚持吃富含维生素的早餐

吃富含维生素的谷类或牛奶的早餐，可以提高抵抗力。有研究表明，早餐吃一份谷物食品，患咽喉痛和鼻塞的概率会降低50%。

B 适当进补

预防感冒的食物有姜、食醋、葱、大蒜。体质虚弱者易反复感冒，平时应针对个人情况以大枣、党参、黄芪食补。

C 注意生活细节

加强体育锻炼，换季时及时加减衣服，每日早晚用冷水洗脸，促进面部血液循环，提高抗病、抗寒能力。

推荐食谱

醋熘双色豆腐*

材 料

白豆腐200克、血豆腐100克。

调 料

植物油、盐、醋、葱、姜各适量。

做法

1. 血豆腐、白豆腐切成块，加入少许盐腌一下；葱、姜分别洗净，切末。
2. 锅内放少许油，下葱末、姜末炒香，然后放入血豆腐、白豆腐块煸炒，加入适量盐调味，出锅前淋入醋即可。

功效解析

此菜含丰富的蛋白质、矿物质等，具有消除疲劳、促进新陈代谢、解热的作用。

黑木耳拌豆芽*

材 料

黄豆芽500克、黑木耳50克。

调 料

盐、香油、味精各适量。

做法

1. 黄豆芽洗净；黑木耳用水发软，切成丝。
2. 将黄豆芽、黑木耳丝放入锅内，加适量清水煮熟。
3. 将黄豆芽、黑木耳丝捞出，沥干水分，加入香油、盐、味精拌匀即可。

功效解析

本品适合风寒型感冒者食用。

香菜鱼片汤

材 料

香菜100克、鱼肉250克。

调 料

盐、酱油、植物油、姜各适量。

做法

1. 香菜洗净，切成段；鱼肉洗净，切成片，加盐稍腌；姜洗净切片。
2. 锅内放少许植物油，下入鱼片稍煎，然后捞出。
3. 锅内加水，放入姜片、鱼片，煮沸后加盐、酱油调味，然后下入香菜段即可出锅。

功效解析

香菜具有刺激人的食欲、增进消化等功能，适于寒性体质、胃弱体质者食用。此菜具有祛风散寒、调理肝气、防治感冒的作用。

养生饭卷

材 料

小米、糙米、紫米、薏米、荞麦、燕麦仁、莲子、黑芝麻各适量，苹果1个，小黄瓜2根，全麦面皮或春卷皮（2张）。

调 料

植物油、盐（或白糖）各适量。

做法

1. 将小米、糙米、紫米、薏米、荞麦、燕麦仁加水蒸熟，莲子也煮熟，加入黑芝麻、盐（或白糖）拌匀；苹果和小黄瓜切成细条。
2. 摊开一张全麦面皮（或春卷皮），在面皮上铺一层拌好的米饭，再放上苹果条、小黄瓜条，然后将面皮卷起来。
3. 平底锅放入少量油滑锅，然后将面皮卷煎至两面金黄，然后切成小段装盘，撒上黑芝麻即可。

肺炎

症状

肺炎是一种呼吸系统急性病。临床以高热、寒战、咳嗽、血痰和胸痛为特征，起病急骤。

病因

肺炎病原体中以细菌为多见，也有病毒、真菌、寄生虫等。肺炎以肺炎球菌所致的肺炎为常见。

辅助饮食原则和注意事项

1 饮食宜清淡、富含营养且易消化，勿过甜、过咸。肺炎病人因高热，体力消耗大，要多补充热量和优质蛋白。可多吃如瘦肉、豆制品。

2 适当吃些含铁和铜丰富的食物，如动物肝和肾、蛋黄、芝麻酱、黄豆、芋头、油菜、茄子等，有助于氧的携带和运输。

3 补充足量的水分。缺氧和病毒的作用，易引起患者的胃肠道功能障碍，因此，需为其补给水分，并给予流质或半流质食物，如蛋汤、藕粉等。

预防肺炎的健康细节

A 常吃富含维生素C的食物

维生素C是组织细胞生长必需的抗氧化剂，它能预防感染。多吃蔬菜水果，绿色蔬菜、番茄、山楂、木瓜、猕猴桃、柑橘类水果可预防肺部感染。

B 适当补充维生素A

维生素A能保护黏膜，促进受损黏膜修复，动物肝脏中富含维生素A，西蓝花、南瓜、茼蒿、胡萝卜等含有较为丰富的胡萝卜素，在体内可以转化成维生素A。多吃些滋阴润肺的食物，如百合、萝卜、荸荠、枇杷、梨、黄瓜等。

C 补充维生素E

维生素E可以促进血液循环，杏仁、葵花子、松子等坚果类和木耳、发菜等菌藻类中含有一定量的维生素E。

推荐食谱

白菜柚子汤*

材料

柚子肉5瓣、白菜60克。

调料

白糖适量。

做法

1. 白菜洗净，切成块。
2. 将柚子肉入凉水锅中煮沸5分钟，放入白菜块煮熟，再放入白糖调味即可。

功效解析

此汤每日1剂，分两次服用，每次50～100毫升，可益气养阴、润肺化痰，对小儿肺炎有很好的调理作用。

杏仁苹果豆腐羹*

材料

豆腐3块、杏仁24粒、苹果1个、冬菇4朵。

调料

盐、植物油、白糖、味精、水淀粉各适量。

做法

1. 将豆腐切成小块，置水中泡一下捞出。
2. 冬菇泡发洗净，切碎，搅成蓉，和豆腐块、水一起入锅煮至滚沸，加上盐、植物油、白糖调味，再淋入水淀粉调成芡汁，制成豆腐羹。
3. 杏仁用温水泡一下，去皮；苹果洗净去皮切成粒，与杏仁搅匀。
4. 豆腐羹冷却后，加上杏仁、苹果粒、味精拌匀即可。

果香藕片*

材 料

藕1节。

调 料

果汁400毫升。

做法

1. 藕洗净，刮去皮，切成片，在沸水中焯一下，立即放到凉水中冲凉。
2. 捞出后沥水，放到果汁中浸泡4～5小时即可。

功效解析

↘藕具有清热解暑的作用，并且富含钙、磷及抗坏血酸等人体需要的营养成分，采取果汁浸泡的做法营养不易流失。

鸡粒椰汁烩南瓜*

材 料

鸡肉75克、南瓜300克、椰汁半杯。

调 料

盐、淀粉、植物油、白糖各适量。

做法

1. 鸡肉洗净，抹干水，切小粒，加盐、淀粉腌10分钟。
2. 南瓜去皮去瓤，洗净，切块，上锅蒸20分钟至软。
3. 锅烧热，放少许植物油，下鸡肉粒炒数下，再下南瓜块及盐、白糖炒匀。
4. 将椰汁煮沸，然后将炒好的南瓜鸡肉盛入椰汁中，煮一会儿即可。

枸杞叶炒鸡蛋

材料

鸡蛋4个、枸杞叶100克。

调料

植物油、盐各适量。

做法

1. 枸杞叶洗净，切碎；鸡蛋打入碗中，用筷子充分搅拌均匀。
2. 锅置火上，放植物油，大火烧至五六成热时，倒入打好的鸡蛋液翻炒至金黄色，下枸杞叶碎翻炒2分钟，加入盐调味，起锅装盘即可。

功效解析

枸杞叶营养丰富，含有多种维生素、矿物质，还有多种氨基酸及胡萝卜素，有滋补益精、祛风明目、清热止咳、抗衰老等功效。

豆苗扒鹌鹑蛋

材料

豌豆苗400克、鹌鹑蛋500克。

调料

植物油、味精、盐、白糖、酱油、淀粉、水淀粉各适量。

做法

1. 将鹌鹑蛋放入锅中煮熟，放入凉水内泡一下，去壳，加适量盐、白糖、酱油、味精腌渍入味。
2. 将豌豆苗择洗净，放入加有适量油的沸水锅内稍焯，捞起沥水。
3. 锅置火上，倒植物油烧热，放入豌豆苗炒熟，加盐调味，用水淀粉勾芡即可上碟。
4. 锅内再放油，烧热，将腌过的鹌鹑蛋拌入淀粉，放入沸油内，炸至金黄色时捞起，放在豌豆苗上面即可。

慢性胃炎

症状

胃黏膜发炎按其发病部位可分为弥漫性胃炎和胃窦炎；按胃黏膜的病理变化可分为浅表性胃炎、肥厚性胃炎和萎缩性胃炎。由于所发部位和病理变化不同，临床症状轻重不一，慢性胃炎一般有食欲减退、上腹部不适或隐痛、嗳气、反酸、恶心、呕吐等症状，有的患者则无临床症状。

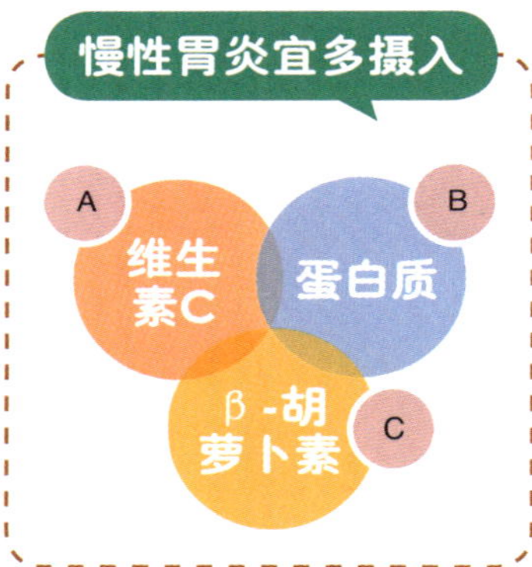

病因

慢性胃炎发病最主要的原因是急性胃炎的后遗症导致胃黏膜的长期病变，此外，胃黏膜长期受到刺激、饮食习惯不良、饮食不节、饮食无规律、暴饮暴食、过饥过饱、食物咀嚼不充分、烟酒过度、常吃刺激性食物、食用过冷过热的食物等也会导致慢性胃炎。

辅助饮食原则和注意事项

1 多吃富含蛋白质的食物，如鸡蛋、瘦肉、豆制品等，这样有利于胃黏膜的修复。

2 多吃富含维生素的食物，尤其要多吃富含维生素C和β-胡萝卜素的食物。慢性萎缩性胃炎患者应增加维生素C的摄入量。富含维生素C的食品有：小白菜、菜花、芹菜、香菜、菠菜、蒜苗及草莓、猕猴桃、菠萝、山楂等。β-胡萝卜素可减轻胃黏膜损伤，对修复上皮细胞、增强免疫功能、防癌等有重要作用。富含β-胡萝卜素的食物有：胡萝卜、海藻、紫菜、油菜、菠菜、绿苋菜等。慢性胃炎患者宜在饮食中添加香蕉、甘蓝等食品。香蕉、甘蓝对胃黏膜有保护作用，可改善症状。

3 要注意调节胃酸。萎缩性胃炎胃酸严重过少者，可食用浓肉汤肉汁；带酸性的水果、果汁，如酸牛奶、醋烹菜肴；或吃些酸性水果，如山楂、橘子、草莓、苹果等，刺激胃酸分泌；还应多食用蛋白质含量高而脂肪低的食物。浅表性胃炎胃酸分泌过多者，应禁用浓缩肉汤及酸性食品以及过多鲜美食品，如蔗糖、甜食、红薯及刺激胃酸分泌的浓茶、咖啡等。为中和胃酸，可吃些碱性食物，如苏打饼、烤馒头片、牛奶、豆浆等。如果病人有明显腹胀，应尽可能不吃或少吃易产生胀气的食物，如土豆、红薯、大葱、煮黄豆等。

❹要吃易于消化的食物，避免吃坚硬、粗糙、过冷、过烫、含纤维过多的食物；忌酒、戒烟、勿食辛辣刺激性食物；避免吃煎、炸、熏、烤食物，少吃咸鱼、咸肉。

❺饮食要清淡，忌肥甘厚味。高盐饮食可破坏胃黏膜的保护作用。因此，菜肴不宜过咸，成年人每日食盐摄取量应控制在6克以内。

❻饮食要规律，定时定量，不暴饮暴食。进食时应细嚼慢咽，使食物充分与唾液混合以助消化和减少对胃的刺激。要注意饮食卫生，不吃发霉变质的食物，防止幽门螺杆菌感染；注意餐具消毒；注意口腔卫生；避免长期进食过热、过酸及熏烤的食物；应忌饮浓茶、咖啡、酒类。

预防慢性胃炎的健康细节

A 常吃粗粮，避免生冷、油腻

日常饮食中食物不能过于精细，适量食用一些粗杂粮，如小米、玉米、小豆、标准粉、标准米等，这些食物有保护胃黏膜的作用，日常饮食中可经常调剂食用。避免吃生、冷、硬、粗糙、油腻、含纤维过多的食物。

B 培养良好的饮食习惯

养成良好的饮食习惯，细嚼慢咽，不暴饮暴食，戒烟戒酒，注意饮食卫生。

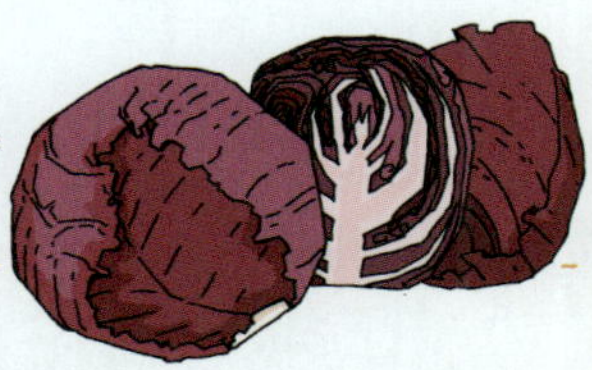

C 必须坚持的细节

适量运动，保持精神愉快也是预防慢性胃炎不可忽视的重要方面。

推荐食谱

干姜粥*

材 料

干姜3克、大米60克。

调 料

盐少许。

做法

1. 将干姜加水，置火上煎煮取姜汁。
2. 将煮好的姜汁放入大米同煮成粥，加盐调味即可。

功效解析

↘此粥有温中和胃、祛寒止痛的功效，对于脾胃虚寒、腹痛呕吐有很好的治疗作用。

莲子花生豆腐脑*

材 料

海藻50克、豆腐200克、莲子20克、花生碎少许、枸杞子10克。

调 料

淀粉、盐各适量。

做法

1. 海藻泡软后，入沸水中煮熟，拌少许盐备用；莲子浸泡后，蒸熟备用；枸杞子用热水洗过后，捞起备用。
2. 豆腐去边，与花生碎、盐、淀粉、少许水拌匀成泥状。
3. 加入枸杞子、莲子拌匀，倒入方型盒中蒸熟成块状，切片装盘，撒上海藻即可。

鸡蓉芋泥羹*

材料

鸡脯肉100克、荔浦芋头400克、鸡蛋2个（取蛋清）、火腿蓉25克。

调料

盐、味精、胡椒粉、水淀粉、香油各适量。

做法

1. 鸡脯肉洗净剁成蓉，与蛋清、盐、味精、水淀粉调匀成糊状。

2. 芋头去皮洗净后，切成片，上笼蒸烂，压成芋泥。

3. 锅内加水，再下芋泥、盐、味精，用勺搅匀后，将鸡蓉糊慢慢倒入，再搅匀，烧沸后盛入汤盆，淋上香油，撒上火腿蓉、胡椒粉即可。

苹果蛋饼*

材料

苹果2个、鸡蛋4个、牛奶100毫升。

调料

白糖、植物油各适量。

做法

1. 将鸡蛋打散，加入牛奶、白糖搅匀；苹果去核，切成片。

2. 平底锅烧热，加入油，将蛋浆倒入锅中用小火煎。

3. 将苹果片铺在蛋饼上，待底部熟后再翻转煎熟，装盘即可。

便秘

症状

便秘，是指排便时间延长（隔2日以上排一次便），大便次数明显减少，或虽无时间延长而粪质干燥坚硬，排便困难。便秘的临床表现除有上述症状外，还可见腹胀、腹痛、食欲缺乏等症状。

病因

除器质性便秘外，常见便秘为功能性便秘。除了疾病因素和饮食过于精细以外，运动不足和抑制排便也是便秘形成的重要因素。很多人由于饭后过于忙碌或精神紧张而抑制便意，尤其是早晨起床后，不吃早餐就上班的人，最易有便秘的毛病。

辅助饮食原则和注意事项

1 多喝水，每天饮水量应在2000毫升以上，大多数便秘患者都饮水不足。对于老年人来说，切不可只凭口渴的感觉来决定是否饮水，因为老年人口渴反应很迟钝，即使体内缺水也常不觉口渴，必须定时补充水。

2 多食高纤维素食物，食物中的纤维素一般不能被人体消化和吸收，这些未被消化的纤维素在通过肠道时，会像海绵一样吸收大量的水分，从而使大便变得柔软而易于排出。

富含纤维素的食物有：全麦谷类、薯类，蔬菜如芹菜、韭菜、竹笋、青蒜，水果如香蕉、猕猴桃、苹果、梨、红枣等。多摄取果胶食品。

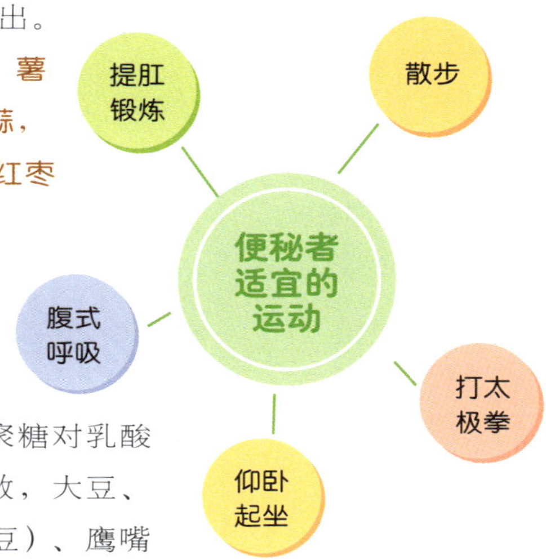

3 乳酸菌和乳酸杆菌能够调节肠胃，有利于便秘的治疗。便秘者可通过摄入含乳酸菌的饮料和酸奶来激活肠内有益菌的活动。低聚糖对乳酸菌和乳酸杆菌的增殖具有积极功效，大豆、刀豆、菜豆、小扁豆、白豆（云豆）、鹰嘴豆等豆类食品，含有大豆低聚糖成分。香蕉、草莓、樱桃、黑加仑等浆果类水果，大蒜、芦笋、洋姜、芥菜叶、食用甜菜、菠菜、洋葱、菊苣、番茄等蔬菜，小麦、大麦、燕麦之类麦类食品及亚麻子等，均含一定量的天然低聚糖成分。若饮用掺有低聚糖的纯酸奶，则对便秘的治疗更有效。

From 专家

∷老年人胃肠功能较弱，易发生便秘。如果吃水果，不能在饭后立刻食用，应在饭后1～2小时吃。

❹适当进食一些含B族维生素的食物，如豆类、粗粮、红薯、土豆等，以促进肠蠕动。

❺多食核桃仁、松子仁、各种瓜子仁等，有利于通便，因为这些种仁含有大量油脂，具有润肠通便的作用。在烹调菜肴时可适当多放一些食用油，如豆油、菜油、香油、花生油等。

❻忌食烈酒、浓茶、咖啡、韭菜、蒜、辣椒等刺激性食物，少吃荤腥厚腻的食物。

❼肥胖而身体内热者，在饮食方面须留意多吃蔬菜、水果；纤瘦而身体偏寒者，应减少凉性蔬菜、水果的摄入。

预防便秘的健康细节

A 多饮水，定时排便

多饮水，养成定时排便的习惯。水对人体的消化、吸收、循环、排泄都十分重要，摄入足够的水分能起到软化粪便的作用。睡前饮用一杯蜂蜜水。

B 适当进食产气的食物

产气的食物可刺激肠蠕动，缩短食物通过肠道的时间，促进排便。如豆类、薯类、萝卜、洋葱、豆芽、韭菜等食物。

C 必须坚持的细节

要保持正常进食的良好习惯，节食、偏食、无规律进食，都对胃肠道的正常功能有不良影响，勿暴饮暴食。

推荐食谱

鸭丝绿豆芽*

材料

鸭脯肉200克、绿豆芽300克。

调料

植物油、姜末、盐、味精、醋、花椒各适量。

做法

1. 将鸭脯肉切成丝，放入沸水中焯熟；绿豆芽洗净，掐去根部。
2. 炒锅放植物油烧热，放入花椒炸出香味后捞出。
3. 下姜末稍煸，放鸭丝、豆芽翻炒，放入醋、盐、味精，快速翻炒，至豆芽无生味时，盛入盘中即可。

功效解析

豆芽富含纤维素，是便秘患者的健康蔬菜，对预防消化道癌症也有一定的功效。

海带冬瓜汤*

材料

海带50克、冬瓜150克、猪瘦肉80克。

调料

盐、陈皮各适量。

做法

1. 海带洗净，切段；冬瓜洗净，去瓤，去皮切片；猪肉洗净，切片。
2. 锅中放入适量水煮沸，下入海带段、冬瓜片、陈皮，煮至冬瓜片熟软，放入肉片、盐，煮至熟即可。

莴笋橘子汁

材 料

莴笋1/2个、橘子1个、西芹50克、白菜30克、牛奶100毫升。

调 料

白糖适量。

做法

1. 莴笋去皮，清洗干净，切小片；橘子剥去皮，掰成小瓣，去掉子；西芹择洗干净，去掉叶子，先剖细，再切小段；白菜洗净，切小片。
2. 将莴笋片、橘子瓣、西芹段、白菜片逐一放入榨汁机中，搅打均匀，过滤掉蔬果渣，倒入玻璃杯中，再放入白糖、牛奶搅匀即可饮用。

田园小炒

材 料

西芹100克、蘑菇6朵、草菇10朵、小番茄10个、胡萝卜1根。

调 料

植物油、盐各适量。

做法

1. 西芹洗净，切段，其他材料洗净后也切成片。
2. 锅热后放植物油烧热，倒入所有材料翻炒至将熟。
3. 加盐调味后炒熟即可起锅装盘。

功效解析

↘西芹含有芳香油及多种维生素、多种游离氨基酸，有促进食欲、降低血压、清肠利便、解毒消肿、促进血液循环等功效。

消化性溃疡

症状

消化性溃疡是指发生在胃和十二指肠的慢性溃疡，即胃溃疡及十二指肠溃疡。上腹痛为主要症状，还会出现上腹胀满、嗳气、反酸、食欲减退等，发作时剑突下有一固定而局限的压痛点，缓解时无明显体征。

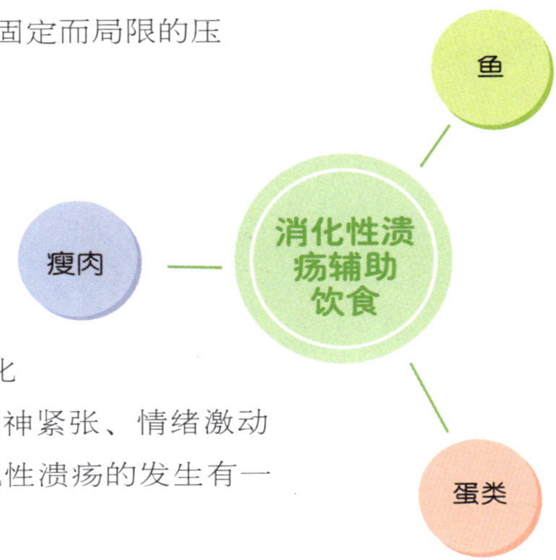

病因

大量研究证明幽门螺杆菌与消化性溃疡的发生有关，而溃疡的最终形成是胃酸－胃蛋白酶自身消化所致。此外，持续过度的精神紧张、情绪激动和抑郁等因素，也会对消化性溃疡的发生有一定影响。

辅助饮食原则和注意事项

1 应少食多餐，定时定量，每餐进食不宜过饱。

2 蛋白质有促进溃疡愈合的作用，但其消化产物多肽及氨基酸能刺激胃酸分泌，因此蛋白质供给以满足需要为宜，1千克理想体重给予1克，并分配于三餐。选择营养丰富易消化的食物如鱼、瘦肉、蛋类等。

3 要控制脂肪摄入量，脂肪能强烈刺激胆囊收缩素的分泌，有延缓

From 专家

∷汽水及可产生气体的饮料入胃后会使胃内压力增高，引起腹胀，有诱发穿孔的危险。酸性饮料入胃后，可提高胃内酸度，影响胃内溃疡面的愈合。

胃排空的作用，使食物在胃内停留时间延长，增加胃的负担，但脂肪可抑制胃酸分泌。故脂肪供给应适量，一般占总能量的20%～25%。

4 多食碳水化合物。碳水化合物不会强烈刺激胃酸分泌。选择易消化的食物，以面食为主，因面食较柔软、含碱、易于水化，并能中和胃酸，如面条、馄饨等；不习惯吃面食者则可以软饭、米粥替代。

5 多食用富含维生素A的食物，维生素A能维护黏膜健康，增强其防御能力。动物肝脏、奶酪、胡萝卜、南瓜等食物富含维生素A。

6 少饮酒、咖啡、碳酸饮料、酸性饮料及茶。酒的主要成分为乙醇，也是胃酸分泌的促进物，另外，乙醇可溶解保护胃黏膜的脂蛋白层，使胃的黏膜屏障遭受破坏，防御能力受损，从而加重溃疡。咖啡能促进胃酸的分泌，提高胃酸的浓度，从而增强对溃疡面的刺激，引起胃部疼痛，溃疡面出血，使病情加重。

预防消化性溃疡的健康细节

A 荤素搭配

荤素搭配是饮食的重要原则，饮食应以谷物、蔬菜、瓜果等素食为主，辅以适当的肉、蛋、鱼类，不可过食油腻厚味，尤其应避免过度嗜咸或嗜甜。

B 适当进补

选择富含维生素的食物如卷心菜、番茄、藕、猴头菇等，水果以苹果、香蕉、梨为宜，不宜食用芒果、橘子或橙子。

C 必须坚持的细节

饮食要清淡，注意饮食卫生，不偏食，不挑食，细嚼慢咽，增加唾液分泌。少食辣椒、浓茶、咖啡等刺激性食物，避免吸烟、酗酒。心情愉悦对于消化性溃疡的预防也很重要。

推荐食谱

胡萝卜陈皮炒瘦肉*

材 料

胡萝卜200克、陈皮10克、猪瘦肉100克。

调 料

植物油、料酒、香葱末、盐各适量。

做法

1. 将胡萝卜洗净切丝；猪肉洗净切丝后加盐、料酒拌匀；陈皮浸泡至软切丝。
2. 锅内倒油，烧至六成热，放胡萝卜丝翻炒至八成熟时出锅。
3. 锅内再添适量油烧热，放入肉丝、陈皮丝翻炒3分钟，再加入胡萝卜丝、料酒、盐翻炒至出香味，添水焖烧片刻，撒入香葱末即可。

八宝健胃饭*

材 料

白扁豆、薏米、莲子肉、核桃仁、桂圆肉各25克，红枣10颗，糖渍青梅10克，糯米200克。

调 料

植物油、白糖各适量。

做法

1. 将薏米、白扁豆、莲子肉用温水泡发后煮熟备用。
2. 红枣洗净，蒸熟；糯米泡软，煮成糯米饭备用。
3. 取大碗1个，内涂植物油，碗底摆好糖渍青梅、桂圆肉、红枣、核桃仁、莲子肉、白扁豆、薏米，最后放熟糯米饭，再上锅蒸20分钟，把饭扣入大圆盘中，再用白糖加水熬汁浇在饭上即可。

番茄烩鱼丸

材料

番茄3个、草鱼肉100克。

调料

植物油、盐、淀粉各适量。

做法

1. 草鱼肉剁成蓉，加盐、淀粉，顺一个方向搅至上劲；番茄洗净，切成小块。
2. 锅内放少许植物油，烧热后下番茄块翻炒。
3. 加入适量水烧沸，将鱼蓉做成丸子放入锅内，煮沸后加少许盐即可。

功效解析

↘番茄富含维生素C，对于溃疡面的愈合调理颇有好处。

鸡蓉土豆泥

材料

鸡脯肉100克、土豆2个。

调料

植物油、盐各适量。

做法

1. 土豆去皮切块，上锅蒸熟，压成泥。
2. 鸡脯肉洗净，切成末，加盐稍腌。
3. 锅内放少许油，烧热后下鸡肉末煸炒。
4. 放入土豆泥和少许水、盐，炒至水干后即可。

功效解析

↘此种烹调方法不会影响土豆的食疗功效。切记，油炸的土豆条、土豆饼对身体有害，不宜常食。

胆囊炎与胆石症

症状

胆道疾病中最常见的是胆囊炎和胆石症。两者常同时存在，互为因果。胆囊炎即胆囊出现炎症。急性胆囊炎典型发病特征是突发右上腹阵发性绞痛，常在饱餐、进食油腻食物后发作，或在夜间发作。疼痛常反射至右肩部、肩胛部和背部，常伴有恶心、呕吐、厌食等消化道症状。慢性胆囊炎的发病情况多种多样，有些患者无明显症状，有些患者可出现腹痛，但比急性胆囊炎症状轻，并且断断续续发作。

胆结石又分为胆囊结石和胆管结石。胆囊结石患者一般无明显症状，如食后腹胀、消化不良、腹泻等。这些症状往往在进食后加剧。胆管结石的主要临床表现是腹痛、寒战、高热、黄疸。其腹痛多出现在剑突下及右上腹，多为绞痛，呈阵发性发作，或为持续性疼痛阵发性加剧，可向肩背部放射，常伴恶心、呕吐。

病因

由于胆汁的成分和理化性质发生了改变，胆汁中的某些成分沉积下来，以脱落的上皮细胞、细菌，甚至进入胆道的蛔虫卵等为核心聚集起来，而形成结石。胆囊炎常由胆囊内结石引起，或继发于胆管结石和胆道蛔虫等疾病，胆管阻塞和细菌感染是常见病因。

辅助饮食原则和注意事项

1 补充充足的蛋白质，增强机体抵抗力。

2 多膳食纤维饮食可减少胆石的形成，可选用质地软、刺激性小的膳食纤维品种，如豆胶、藻胶、果胶等做成风味食品或加入主食，都可增加膳食纤维的供应量。扁豆、糙米、芹菜、竹笋、牛蒡、海藻类、蘑菇类、魔芋、香蕉、苹果、红枣等食品中含有大量的膳食纤维。

3 胆汁酸可以溶解胆固醇，这个过程需要维生素C参与，如缺乏维生素C，就会导致胆汁中胆固醇呈饱和状态，易沉淀析出和结晶而形成结石。绿色蔬菜、猕猴桃、草莓、番茄等食物中，含有丰富的维生素C。

4 维生素A有助于T淋巴细胞的生成，增强机体免疫力。此外，维生素A还可维护黏膜的健康，提高其抵抗细菌入侵的能力。因此，维生素A对胆囊炎的防治有益。富含维生素A的食物很多，如动物肝脏、黄绿色蔬菜（如胡萝卜、西蓝花）等。

5 多饮水，也有利于防止胆石形成。

6 限制脂肪摄入，以避免其刺激胆囊收缩，缓解疼痛。烹调建议用植物油，既能供给必需脂肪酸，又有利于胆的作用，控制含胆固醇高的食物以减轻胆固醇代谢障碍，防止结石形成。

From 专家

∷经常食用山楂制品、乌梅，可以促进胆汁的排泄，预防结石的形成。有规律的进食，重视早餐。少吃糖也能预防胆结石和胆囊炎的发生。

7 应忌用或少用动物内脏、蛋黄、咸鸭蛋、松花蛋、鱼子、蟹黄等食物。每天膳食脂肪总量控制在40～50克，胆固醇在300毫克以下，而且要大致均分于各餐，不能集中于一餐。

预防胆囊炎与胆石症的健康细节

A 低脂、低胆固醇饮食

平时以低脂肪、低胆固醇食物为主，宜多食用高碳水化合物、多维生素的清淡易消化的食物，忌生冷以及过硬不易消化的食物。

B 食用利胆食物

平时要多吃利胆食物，如菠菜、莴笋、圆白菜、洋葱、番茄等蔬菜，对不同病例手术摘除的胆石，有不同程度的溶解作用。四季豆、玉米、柿子椒、南瓜、红皮水萝卜、莲藕也有不同程度的溶石作用。

C 多吃富含维生素的食物

多吃富含维生素的食物，如绿色蔬菜、胡萝卜、番茄、菠菜、白菜等，平时应多吃些香蕉、苹果等水果。维生素E能够预防胆结石，而杏仁、花生、松子、核桃、鳗鱼、花菜、南瓜等食品中含有大量维生素E。维生素C和果酸含量丰富的橙子，可以预防和减少胆囊炎的发生。

推荐食谱

泡橙汁冬瓜

材料

冬瓜500克。

调料

鲜橙汁200毫升、柠檬汁30毫升、白糖50克、盐2克。

做法

1. 冬瓜去皮、去瓤及子，切长条，洗净沥干。
2. 锅置火上，倒入清水烧沸，加入冬瓜条焯至八分熟，捞出过凉。
3. 将鲜橙汁、柠檬汁、白糖、盐，同放入锅内调匀，上火熬至浓稠倒出，晾凉，放入焯过的冬瓜条，浸泡腌渍24小时即可食用。

冬笋豌豆苗羹

材料

冬笋、豌豆苗各100克，清汤300毫升，牛奶50毫升。

调料

盐、胡椒粉、白糖、姜汁、水淀粉、香油各适量。

做法

1. 将冬笋去皮，洗净，剁成碎末；豌豆苗洗净，入沸水中略烫捞出，凉水中过凉，剁成末。
2. 将冬笋末和豆苗末放入碗中，加入盐、姜汁、白糖拌匀备用。
3. 炒锅置大火上，加入牛奶、清汤，烧沸后加拌好的冬笋末、豆苗末，调入胡椒粉，熟后用水淀粉勾薄芡，淋上香油即可。

春笋鱼片*

材料

鱼肉350克、竹笋100克、水发香菇50克、鸡蛋1个（取蛋清）。

调料

料酒、盐、淀粉、水淀粉、味精、植物油各适量。

做法

1. 鱼肉去骨刺及鱼皮，斜片成薄片，用蛋清、淀粉、盐拌匀上浆；竹笋洗净，切片，焯熟；香菇洗净，去蒂，切片。
2. 锅置火上，放油烧热，放入鱼片炸至呈金黄色，再放入笋片与香菇片，滑散后捞出沥油。
3. 锅留底油烧热，加料酒、清水、盐、味精拌匀，烧沸后用水淀粉勾芡，倒入炸过的鱼片、笋片、香菇片，翻炒熟即可。

枸杞肉丝*

材料

猪瘦肉200克、枸杞子5克、莴笋100克。

调料

料酒、味精、香油、酱油、葱、姜、白糖、盐、植物油、水淀粉、肉汤各适量。

做法

1. 将枸杞子洗净，用温水泡开；猪瘦肉洗净，切丝；莴笋去皮洗净，切丝；姜洗净，切细丝；葱洗净，切段。
2. 将猪瘦肉丝用水淀粉、盐浆好；用肉汤、味精、料酒、酱油、白糖调成味汁。
3. 炒锅置火上，倒入植物油烧热，先下入猪瘦肉丝，再下莴笋丝、姜丝、葱段翻炒，倒入味汁，投入枸杞子炒匀，淋上香油即可。

红烧菜花

材 料

菜花300克、胡萝卜1根、水发冬菇3朵。

调 料

植物油、花椒油、料酒、酱油、白糖、盐、味精、葱末、水淀粉各适量。

做法

1. 将菜花掰成小朵，胡萝卜切成菱形块，连同冬菇放入沸水内烫一下，捞出，沥净水分。
2. 将炒锅置火上，放入植物油烧热，下入葱末炝锅，随即把菜花、胡萝卜块、冬菇倒入锅内翻炒两下，加入料酒、盐、白糖、酱油和水。
3. 水沸后炖一会儿，加入味精，用水淀粉勾芡，淋入花椒油即可。

成都素烩

材 料

白萝卜250克、腐竹2根、胡萝卜1根、面筋10个、草菇10朵、水发香菇5朵、土豆250克、黄瓜1条、玉米笋12根、芦笋10根。

调 料

水淀粉、香油、植物油、盐各适量。

做法

1. 将白萝卜、胡萝卜、土豆、黄瓜洗净，切成不同形状的块，用沸水煮熟捞出，泡在凉水中；腐竹泡软，切段；水发香菇洗净切块。
2. 起油锅，放入除腐竹段和芦笋以外的其他材料爆炒，加水大火煮3分钟，放入腐竹段与芦笋，加盐调味。
3. 用水淀粉勾芡，淋少许香油即可。

玻璃白菜*

材料

白菜500克，水发香菇、火腿各25克，猪瘦肉100克。

调料

味精、盐、香油、水淀粉、植物油各适量。

做法

1. 将白菜洗净晾干，取茎部切成段；猪瘦肉切成片；火腿切末；水发香菇洗净，切成小块。
2. 锅内放进植物油，烧热后，放入白菜段滑锅，再放入味精、盐、水、香菇块、肉片，大火烧沸后小火焖20分钟取出盛碗，上锅蒸10分钟。
3. 取出一碗，扣在盘中，撒上火腿末。
4. 原汤倒入锅内，加少许水淀粉勾芡，淋入香油，倒在白菜上即可。

双菌南瓜*

材料

南瓜400克、草菇100克、平菇150克、韭菜少许。

调料

盐、鸡精、豆豉、蒜、植物油各适量。

做法

1. 将南瓜洗净去子切成块；草菇和平菇分别切开；蒜去皮切成片；韭菜择洗干净，切成段。
2. 锅置火上，加适量植物油烧热，下南瓜块、蒜片大火煸炒。
3. 炒至变色后再放入草菇和平菇，加入豆豉、适量清水、盐、鸡精调味。
4. 大火炖5分钟，撒上韭菜段出锅即可。

脂肪肝

症状

脂肪肝是指肝脏里的脂肪含量大，中性脂肪占肝脏总量的30%以上，另外磷脂和胆固醇都有不同程度的增加。轻度的脂肪肝病人，早期可能没有任何症状，肝细胞的脂肪化仍是可逆性的改变，只要注意治疗，多半可以恢复。如果脂肪肝持续时间较长，病人可出现食欲缺乏、乏力、腹胀、肝肿大、肝区隐痛、压痛明显，少数病人还可能出现轻度黄疸、转氨酶升高、胆碱酯酶升高等，重者则可能转变为肝硬化。

病因

现在患脂肪肝的人很多，尤以中老年人为多，**其发病原因以肥胖、糖尿症、高脂血症、肝炎及饮酒多见。脂肪肝的发生与不良饮食习惯有密切关系，主要是过多的高脂饮食和过量饮酒所致。**正常情况下，肝内脂肪酸的摄取、合成与转运、利用之间处于平衡状态，如果肝对脂肪酸的摄取、合成增加，或转运、利用减少则可引起肝内脂肪堆积。过量酒精进入体内，对肝细胞的刺激很大，直接影响到肝细胞对脂肪的代谢利用，是促成脂肪肝的主要原因之一。

辅助饮食原则和注意事项

1. 控制热量摄入。热量过高会使脂肪合成增多，加速脂肪肝病变。适当控制热量使体重逐渐下降，有利于肝功能恢复，每日每千克体重供给量以71.4～105千焦为宜。

2. 控制碳水化合物摄入有利于减轻体重并治疗脂肪肝。糖过多会使胰岛素分泌增加，刺激肝脏合成甘油三酯，这对脂肪肝非常不利。所以特别要限制患者进食蔗糖、葡萄糖和含糖多的糕点。

3. 摄入足量优质蛋白有利于肝细胞的修复与再生。可选去脂牛奶、蒸鸡蛋清、猪瘦肉、牛瘦肉、鸡肉、鱼虾等。

4. 限制脂肪摄入。摄入过多饱和脂肪可使热量增高，不利于病情改善，影响胆固醇水平，还使胆固醇肝内沉积而妨碍肝糖原合成，并使肝功

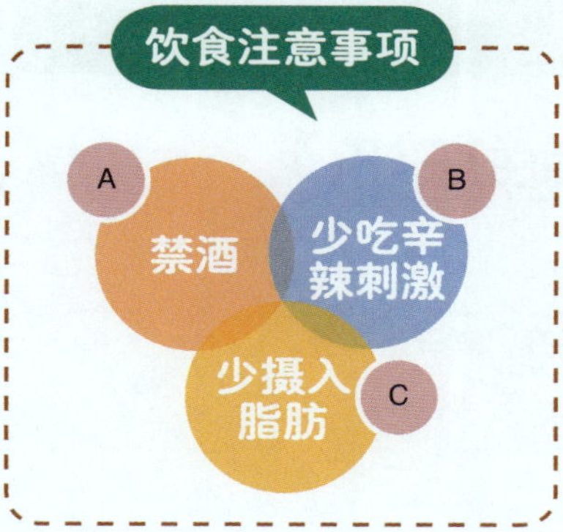

能减退，禁食肥肉、蛋黄、动物内脏等。

5 脂肪肝使患者对维生素的吸收代谢受到影响，**膳食中应选富含维生素的食物，如B族维生素有防止肝脂肪变性及保护肝脏的作用，维生素B_{12}有助于从肝脏移去脂肪，有防止脂肪肝形成和发展的作用**。维生素C可增加肝细胞抵抗力，促进肝细胞的再生。

6 多食含纤维的食物，减少脂肪在肠道内的吸收，新鲜蔬菜（推荐多食用黄瓜、萝卜、竹笋、木耳、芹菜）、水果、小米、芝麻、甜菜、海产品等都是很好的去脂食物，可以促进磷脂合成，协助肝脏内的脂肪分解。WHO向公众推荐最著名的“爱肝食物”有：玉米、海带、苹果、牛奶、洋葱、黄瓜、核桃等。

7 脂肪肝患者应适当限制盐的摄入，每天吃盐要控制在6克以内。要少吃辛辣刺激性食物，如葱、姜、蒜、辣椒、咖喱等。为保证低脂肪，烹调方法应以蒸、煮、炖、烩为主，尽量少用油。

预防脂肪肝的健康细节

A 多吃豆类食物

黄豆、豌豆、黑大豆、绿豆等豆类及其制品豆浆、豆腐、豆粉是人体蛋白质的良好来源，也是防治脂肪肝的健康食品。

B 食用海产品

经常食用海带、紫菜、海鱼、牡蛎等水产品可以降低血清甘油三酯和胆固醇水平，促进肝内脂肪的沉积消退。

C 必须坚持的细节

限制酒精摄入。控制总热量，减少肝内脂肪堆积，尽量不吃甜食。体重尽量保持在标准体重。平时要保持心态平和，生活规律，注意劳逸结合。坚持适度体育运动。

推荐食谱

苦瓜炖牡蛎*

材料

牡蛎肉300克、苦瓜400克。

调料

盐、味精、香油、胡椒粉、葱段、姜片、水淀粉、高汤各适量。

做法

1. 将牡蛎肉放入盐水中浸泡10分钟，洗净，焯透备用；苦瓜洗净，去瓤，切成斜刀片备用。
2. 锅置火上，加入葱段、姜片、高汤煮沸后，放入牡蛎肉、苦瓜片，加入盐、胡椒粉炖煮10分钟，加味精调味，淋香油，用水淀粉勾薄芡即可。

豆浆鲜菇汤*

材料

豆浆500毫升、鲜蘑菇80克。

调料

白糖适量。

做法

1. 将鲜蘑菇洗净，捞出沥干水分，切片。
2. 净锅置火上，烧至五成热，放入鲜菇片翻炒至断生，倒入豆浆，小火慢煮5分钟左右。
3. 食用时依个人口味加少许白糖即可。

功效解析

↘豆腐不宜与菠菜一起食用，否则会生成不易被人体吸收的草酸钙，形成结石。

海带炖豆腐*

材 料

老豆腐300克、海带200克、泡发海米20克。

调 料

盐、味精、酱油、葱段、姜片、植物油、高汤、香油各适量。

做法

1. 海带冲洗干净后切丝；老豆腐洗净切块，入沸水中煮5分钟，盛出沥水备用。
2. 锅置火上，倒入植物油烧至五成热，下入葱段、姜片炝锅后，下入豆腐、海带丝，烹入酱油，加高汤、盐、泡发海米，小火炖20分钟，出锅前加味精调味，淋香油即可。

菊花茄子*

材 料

长茄子300克、胡萝卜丁适量。

调 料

面粉、植物油、水淀粉、番茄酱、盐、白糖、葱末、姜末、高汤各适量。

做法

1. 茄子去蒂，洗净，切段，剞十字花刀后撒少量盐略腌，再用面粉裹匀备用；锅内放油烧热后，放入茄子炸成茄花，捞出摆盘。
2. 锅内留底油烧热，放入番茄酱翻炒，放葱末、姜末、高汤、白糖、盐及胡萝卜丁，煮沸后用水淀粉勾芡，淋在炸好的茄花上。

慢性肝炎

症状

肝炎是由不同的病毒以及细菌、寄生虫等引起的肝细胞炎症，肝炎可分为病毒性和非病毒性两种。病毒性肝炎可分为：甲型肝炎、乙型肝炎、丙型肝炎、丁型肝炎和戊型肝炎，其中乙肝是流行最广泛、危害最严重的一种传染性肝炎。现在人们日常所说的“肝炎”，指的是病毒性肝炎。肝炎常见症状有：感觉肝区不适、隐隐作痛、全身倦怠、乏力、食欲减退、感到恶心、厌油、腹泻。病人有时会有低热，严重的病人可能出现黄疸、少尿、无尿、腹水、意识模糊、昏迷等症状。患者可伴有肝掌、蜘蛛痣、毛细血管扩张或肝病面容。

病因

肝炎是一种传染病，它主要是通过与病毒、细菌的密切接触，血液、母婴垂直感染等途径传播的。肝炎常见的病因有：人体免疫功能下降，或细菌、寄生虫、病毒等进入血液。

辅助饮食原则和注意事项

1 少吃多餐，每天4～5餐，不宜过饱，以免加重肝脏的负担。食物选择上应做到易消化，多样化，色、香、味俱全，能引起病人食欲，以保证营养素的供给。

辅助饮食

- 01 少吃多餐
- 02 供给足量优质蛋白
- 03 高碳水化合物

2 供给足量优质蛋白可以维持氮平衡，提高肝中各种酶活性，改善肝功能，有利于肝细胞损伤的修复与再生。但由于肝病时肝解毒能力降低，应给予易消化、富含优质蛋白的清淡食物，如鸡蛋、鱼、奶、瘦肉和豆制品。

3 高碳水化合物可提供足够的葡萄糖，以恢复肝原的储存，并满足患者对能量的需要，碳水化合物每日供给量宜为300～400克，在日常饮食中即可获得，如米饭、面条、馒头、包子等。另外，香菇、黑木耳等食用菌含有较为丰富的多糖类物质，对于增强肝病病人机体免疫功能十

饮食预防

- 多喝水，补充体液，增强血液循环，促进新陈代谢。
- 作息规律，生活中尽量做到心平气和、乐观开朗。
- 注意饮食卫生。尽量少吃辛辣食品，不暴饮暴食。

分有益。不宜食用含单糖、双糖较多的甜食，以免出现腹胀、嗳气等不适症状。

4 肝病患者大多厌油腻，但适量的脂肪，可使食物美味可口，引起厌食者的食欲，脂肪的摄入量每日50～60克为宜。

5 各种维生素对肝组织修复和再生具有一定作用，因此应搭配富含维生素的新鲜蔬菜和水果。宜食用一些酸性的蔬菜和水果。

6 尽可能避免食用麻辣火锅、油炸油煎、动物内脏等不宜消化的食品；肝病病人要绝对禁止饮酒；不宜吃过多的脂肪，少吃土豆、豆类、红薯等易产气的食物；有水肿者，要注意吃低盐食物。

预防慢性肝炎的健康细节

A 膳食平衡

食物摄取要均衡，蛋白质、碳水化合物、脂肪、维生素、矿物质等要按照相应的比例摄取，多吃蔬菜、水果，空心菜、蘑菇、荠菜、圆白菜、卷心菜、甘蓝、海藻、百合、胡萝卜、番茄、冬瓜是预防肝炎发生的效果较好的蔬菜，常吃木瓜、西瓜、葡萄、梨等也有护肝作用，经常喝蜂蜜也可以起到增强肝功能及肝脏抗感染能力。

B 保持心情愉快

“怒则伤肝”，要保持愉快心情，保持生活有规律，根据气温增减衣服，积极预防各种感染。另外，肝炎患者所处的环境应保持清洁安静，使空气处于良好的流通状态，室内保持适宜的温度和湿度，注意休息；患有感冒的肝炎患者应避风，急性黄疸者的病室应保持凉爽；老年肝病病人的室温宜稍高。

推荐食谱

鲜蘑圆白菜*

材料

鲜圆白菜400克、鲜蘑菇100克。

调料

高汤、料酒、葱丝、姜片、香油、植物油、盐、味精、白糖各适量。

做法

1. 将鲜蘑菇洗净，去蒂，一切两半；鲜圆白菜洗净，切成3厘米长的段。
2. 炒锅置大火上，放入植物油烧热，将姜片和葱丝爆出香味，投入圆白菜段，迅速翻炒几下。
3. 向锅内加入料酒、蘑菇片、盐、白糖和高汤，将熟时调入味精，淋入香油炒匀，即可装盘。

荸荠鸡块*

材料

公鸡肉200克、荸荠100克。

调料

盐、味精、葱、姜、清汤、植物油各适量。

做法

1. 将荸荠洗净，去皮，对剖开；公鸡肉处理干净，切块备用；葱洗净，切段；姜洗净，切末。
2. 炒锅置火上，倒入植物油烧热，加葱段、姜末爆香，将荸荠和鸡块同放入锅中，加入清汤炖煮至熟，调入盐、味精即可。

蔬菜腐皮卷*

材料

豆腐皮3张、白菜300克、豆腐干80克、水发香菇5朵。

调料

盐、香油、味精各适量。

做法

1. 将白菜洗净后在沸水锅中烫一下，沥干水分后切碎；豆腐皮切去边角后，再每张切成四等份；水发香菇和豆腐干在沸水锅里煮一下捞出，切成丝。
2. 将白菜碎、香菇丝和豆腐干丝放入大碗内，放盐、香油和味精拌匀做馅料。
3. 将豆腐皮摊开，每张豆腐皮分别放入适量蔬菜馅料，然后逐条卷起来，放入盘中，上笼用大火蒸5分钟取出即可。

三彩菠菜*

材料

菠菜300克、鸡蛋2个、水发粉丝100克、水发海米20克。

调料

醋、蒜末、味精、盐、香油、植物油各适量。

做法

1. 将鸡蛋打入碗中，加少许盐搅匀。
2. 炒锅内放入少许油烧热，把鸡蛋液倒入锅内，转动炒锅，让鸡蛋液在炒锅内摊开，煎成蛋皮，再切成丝。
3. 粉丝切成段，与海米放入大碗中备用；将菠菜择洗干净，切成段，在沸水中略焯，捞出马上用凉开水过凉，之后挤干水分，放入盛粉丝的碗里。
4. 将醋、盐、味精、香油、蒜末、蛋皮丝依次放入碗中，调拌均匀后装盘即可。

高血压

症状

高血压是一种以血压持续升高为主要症状的全身慢性疾病。高血压患者除血压升高外，还可伴有头痛、头晕、眼花、耳鸣、心悸、失眠、身体疲倦等症状。高血压晚期可并发心绞痛、肾功能减退、脑卒中等疾病。

病因

患高血压的主要原因有：体重超重，持续过度饮酒、膳食高盐低钾，还有一定的遗传因素。

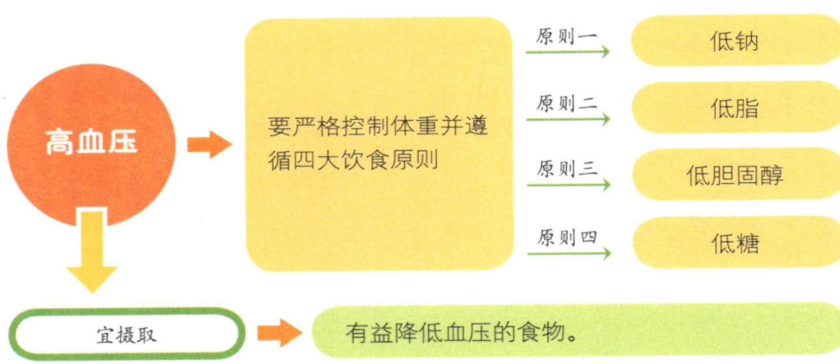

辅助饮食原则和注意事项

1. 低钠饮食。建议食盐摄入量控制在每日2～5克，少食腌制食品。钾能对抗钠的不利作用，因此钾的摄入量要充足，多吃蔬菜和水果可避免钾的不足。

2. 膳食中钙摄入不足，血压受高钠的影响会更大。所以每天进食低脂牛奶、豆类，对高血压患者是很有利的。

3 减少脂肪摄入量，适量补充优质蛋白质。吃植物油烹调的食物，少吃猪油、油腻食品。多吃海鱼，主要以鱼类、大豆及其制品作为蛋白质的来源。维生素有促进脂肪代谢的作用，特别是维生素C，患者应多食用新鲜蔬菜和水果，以补充足量的维生素C。

4 忌长期、大量食用高胆固醇的食物，因为长期摄入高胆固醇食物，可引起血脂升高，继而导致动脉弹性减低，引起舒张压升高。食物中的膳食纤维可以黏附胆固醇，减少胆固醇在体内的吸收，高纤维食物，如芹菜、韭菜、白菜、菠菜、苹果等。可以加快清理血管的工作。

From 专家

∷葡萄糖、果糖、蔗糖容易被机体消化吸收，易引起血压升高，高血压患者应少吃甜食。另外，高血压人群还要限制饮酒、吸烟，少喝浓茶、咖啡。

预防高血压的健康细节

A 多吃高纤维食物

多吃高纤维食物，如笋、冬瓜、芹菜、番茄、茄子、豆芽、海带、洋葱等，少吃酱制品及盐腌制品。

B 适量补钙

多吃些含钙丰富的食品，如牛奶、大豆、花生、鱼虾、葵花子、核桃仁、紫菜等。

C 多吃富含维生素、矿物质的食物

如胡萝卜、番茄、草菇、香菇、平菇、黑木耳、银耳、荸荠、黄瓜、海带、香蕉、苹果、梨、葡萄、西瓜等。

D 定期量血压

定期量血压，做身体检查，是平日基本的保健工作，若能加上饮食控制、科学膳食、规律运动，自然可远离心血管疾病的威胁。

推荐食谱

双耳炒黄瓜*

材料

银耳、黑木耳各15克，黄瓜100克。

调料

植物油、葱丝、姜丝、香油、盐、味精各适量。

做法

1. 银耳、黑木耳分别泡发，焯水后，切小片，沥干；黄瓜洗净，切片。
2. 锅置火上，倒油烧热，炒香姜丝、葱丝，放入银耳片、黑木耳片翻炒至将熟，放入黄瓜片，加盐炒熟，淋入香油，加味精调味即可。

枸杞煮黑豆*

材料

黑豆30克、枸杞子20克。

调料

盐（或白糖）适量。

做法

1. 将黑豆洗净，用清水浸泡2小时；枸杞子洗净。
2. 锅置火上，倒入适量水煮沸，放入黑豆、枸杞子大火烧沸，转小火煮至熟透，加盐（或白糖）调味即可。

老醋花生米

材料

花生仁200克，红椒、香菜各适量。

调料

植物油、盐、香油、陈醋、味精、白糖各少许。

做法

1. 锅置火上，倒油烧热后调小火，放入花生仁炸至发黄时捞出沥油，待凉；红椒洗净切丁；香菜洗净切小段。
2. 用白糖、陈醋、盐、香油调匀成汁，浇在花生仁上，撒上洗干净的红椒丁、香菜段即可。

素烩茄子块

材料

茄子、洋葱、青椒、番茄各1个，芹菜少许。

调料

植物油、胡椒粉、盐、香叶、蒜各适量。

做法

1. 将茄子洗净，切成块；洋葱去皮，洗净切成小丁；青椒去蒂及子，洗净切成块；番茄去皮后切成大块；芹菜洗净切成段。
2. 炒锅放入植物油，烧热后放入香叶、蒜炒香。
3. 先放入茄块煸炒片刻，再加入青椒块、芹菜段、洋葱丁，放适量水，大火烧沸后加盐、胡椒粉调味，收汁后放入番茄块炒熟即可。

冠心病

症状

冠心病是冠状动脉粥样硬化性心脏病的简称，是指由于冠状动脉粥样硬化，造成冠状动脉供血发生障碍，导致心肌缺血缺氧而引起的心脏病。

病因

导致冠心病的原因主要是相应冠状动脉分支的动脉粥样硬化或动脉痉挛，其致病因素主要是高血压、高脂血症、吸烟、糖尿病、饮酒、肥胖、缺乏体力劳动、精神过度紧张、遗传等。

辅助饮食原则和注意事项

1 冠心病患者的饮食应符合“三高三低”原则，即高纤维素、高维生素、高植物蛋白，低盐、低脂肪、低胆固醇。

2 多吃蔬菜、水果、豆制品、乳制品等富含纤维素、维生素、蛋白质的食物。山楂、洋葱、大蒜、酸奶宜常吃，尤其是富含叶酸、维生素B_{12}和维生素B_6的食物。近年研究表明，同型半胱氨酸升高可能是早发冠心病的因素。叶酸、维生素B_{12}和维生素B_6参与体内的代谢过程，可以使血中的同型半胱氨酸浓度降低，绿叶蔬菜、花菜中富含叶酸，金枪鱼、沙丁鱼中富含维生素B_{12}。

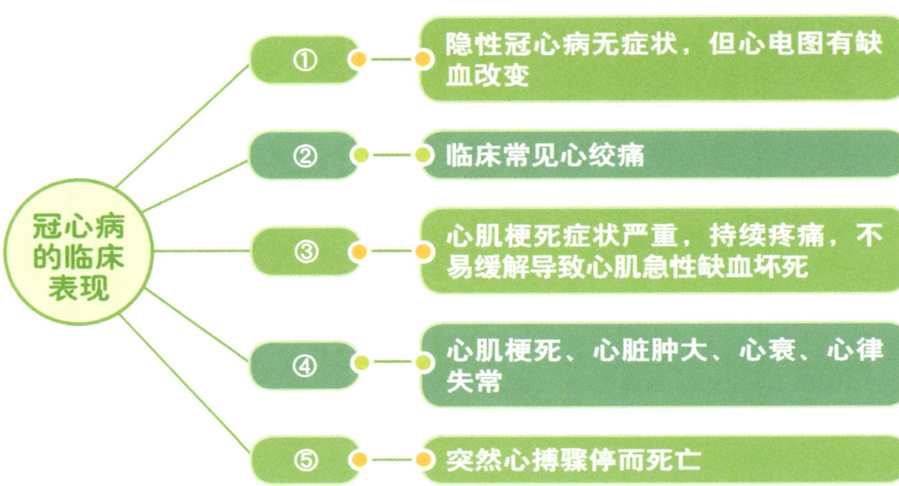

③限制盐的摄入量。高血压病是冠心病的主要致病因素之一，所以要限制钠盐的摄入，预防高血压等潜在风险。

④忌食油腻食品，这类食品富含饱和脂肪酸，可非常显著地促使血浆中胆固醇水平上升。

⑤要少吃含胆固醇高的食物，如肥肉、动物内脏、动物油脂、蛋黄、螃蟹等。

⑥多食用谷类食物，如面包、面条和五谷杂粮，最好常吃全麦制品；多吃水果，如苹果、橘子；多吃蔬菜、豆制品、鱼；食用植物油，少吃脂肪。有研究表明，喝红葡萄酒也能降低发生冠心病的概率。

⑦注意饮用“安全水”，如果患者没有水肿，应饮3杯“安全水”，第一杯睡前半小时，第二杯于夜间醒来时，第三杯在清晨，这样可避免夜间和清晨血液黏稠度过高的危险。**因为许多心肌梗死及脑血栓就是发生在夜间和清晨，所以这个时段的饮水有人称之为“安全水”。**饮水应注意不要一次性饮水过多，以免使血容量骤增。

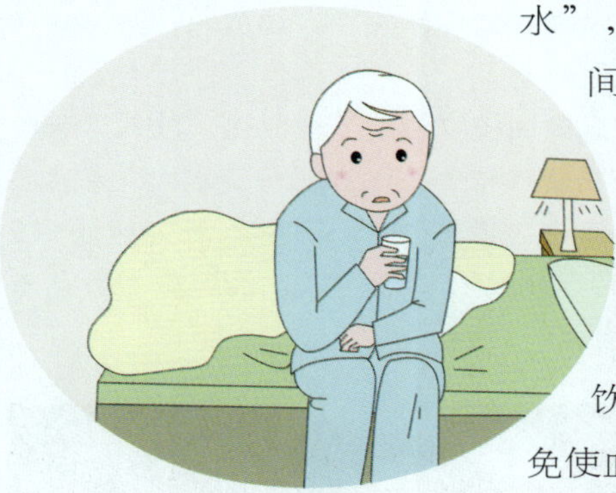

预防冠心病的健康细节

A 应戒烟

吸烟易使冠状动脉处于易痉挛状态，由此使心绞痛变得易于发作，而且吸烟还可加速动脉硬化的进程，因此，冠心病患者应戒烟。

B 避免过饱餐

由于腹压的增加和心脏负担加重，饱餐常诱发心绞痛甚至出现心肌梗死。多吃些容易消化的食物。同时要保持大便通畅，避免精神紧张和情绪波动，避免进行剧烈的体力活动。

推荐食谱

苹果银耳瘦肉汤*

材 料

苹果100克、猪瘦肉50克、胡萝卜25克、水发银耳10克。

调 料

葱花、姜片、盐、香油各适量。

做法

1. 苹果洗净，去皮、核，切块；猪瘦肉洗净，切块；胡萝卜洗净，切块；银耳择洗干净，去蒂，撕成小朵。
2. 锅置火上，放入猪瘦肉块、胡萝卜块、水发银耳、葱花和姜片，加适量沸水大火煮沸，转小火煮至肉块熟透，倒入苹果块煮2分钟，用盐调味，最后淋入香油即可。

火腿洋葱汤*

材 料

洋葱250克、熟火腿50克。

调 料

香菜末、花椒粉、盐、鸡精、植物油各适量。

做法

1. 洋葱去老皮，洗净，切成丝；熟火腿切成丝。
2. 锅内倒植物油烧至七成热，放入洋葱丝和花椒粉翻炒均匀，加适量清水大火煮沸。
3. 转小火煮3分钟，再倒入熟火腿丝煮2分钟，用盐和鸡精调味，最后撒上香菜末即可。

葱烧海参*

材 料

海参100克、葱段200克。

调 料

姜末、酱油、植物油、料酒、盐、水淀粉、味精各适量。

做法

1. 海参洗净，切成宽片，煮熟后沥去水分。
2. 锅内倒油烧热，放入葱段，炸出香味时捞出葱段，葱油备用。
3. 清水入锅，加葱段、姜末、盐、料酒、酱油、海参片，煮沸后用小火煨2分钟。
4. 加入炸好的葱段，放入味精，用水淀粉勾芡，淋入葱油，盛入盘中即可。

芦笋扒香菇*

材 料

芦笋、鲜香菇各200克，高汤100毫升。

调 料

植物油、料酒、老抽、水淀粉、蚝油、香油、鸡精、盐各适量。

做法

1. 将鲜香菇去蒂，洗净；芦笋去硬皮，洗净；鲜香菇用清水泡发，和芦笋分别焯烫后，捞出沥水备用。
2. 锅置火上，加植物油烧热，放入芦笋清炒熟后，捞出沥油，装盘。
3. 锅留底油烧热，放入香菇翻炒，再加入高汤、料酒、蚝油、老抽、盐煮沸，放入鸡精，水淀粉勾芡后淋入香油，盛入芦笋盘中即可。

低血压

症状

成人肱动脉血压低于90/60毫米汞柱时，即可称为低血压。

原发性低血压的症状主要为早晨起床时不舒服，血压长期偏低，平时注意力不集中，缺乏干劲，情绪不稳定。

病因

低血压根据其发生的原因，可分为原发性低血压和继发性低血压。原发性低血压没有明显的病因可查，主要是本人的体质和其他因素导致的，在女性中较为常见。

原发性低血压者，只要血压不是过低，就不用特别担心，有些人的血压可慢慢恢复正常。继发性低血压是由于某些疾病所引起的，并作为该疾病的一种临床表现而存在，随着原发病的好转而消失。如心脏疾病、肺部疾病及内分泌异常等，皆可引起低血压。

辅助饮食原则和注意事项

1 低血压患者应合理搭配饮食，食物要多样。任何一种单一天然食物都不能提供人体所需的全部营养素，因此，适宜的膳食必须由多种食物组成。荤素、粗细要合理搭配，才能达到平衡膳食的目的。这样才能使机体摄入足够而全面的营养素，从而增强其体质，提高其血压。

2 尤其需要摄取含蛋白质多的食物，以滋养身体、补充体力。脂肪也要适量摄入，比如油炸肉丸，不喜欢油炸的可借助醋、香辛料、卤汁，可明显增加食欲。芝麻和胡桃中含有50%的优质油类，芝麻可研粉后冲服，这样容易消化。

低血压调理

- 少吃多餐，荤素兼吃
- 常饮水，多喝汤

平时要注意劳逸结合，经常参加一些有益于身心健康的活动

❸低血压病人应适当吃些咸食。低血压病人对钠盐的需求量较大，如果人体内缺少钠盐就会出现困倦、头晕、无力、肌肉抽搐等症状。缺盐严重的病人可出现虚脱。因此，低血压病人适当吃些咸食，有助于提高血压。

❹适当增加胆固醇的摄入。肝、蛋、奶油、鱼卵等食物，有利于提高血胆固醇浓度，可增加动脉紧张度，升高血压。

❺**常食一些具有温脾肾、升阳气的食物，如狗肉、羊肉、鸡肉、胡椒、辣椒、生姜、韭菜、龙眼、莲子、桂圆、红枣等。此外，常吃生姜，能促进消化、健胃、升高血压。**在菜汤、豆腐汤、肉汤、鸡汤中多放些姜末，平时用姜末泡沸水代茶饮用等，都对治疗低血压有好处。

❻低血压患者应尽量少食具有降压效果的食物，如卷心菜、黄瓜、番茄、萝卜等蔬菜，以及梨、柿子、西瓜等水果。

❼低血压患者如伴有红细胞过低、血红蛋白不足的贫血症，宜适当多吃富含蛋白质、铁、铜、叶酸、维生素B_{12}、维生素C等造血原料的食物，诸如猪肝、蛋黄、瘦肉、牛奶、鱼虾、贝类、大豆、豆腐、黄花菜、红糖及新鲜蔬菜、水果等。

预防低血压的健康细节

A 营养要全面充足

多吃有利于调节血压或高蛋白、高维生素、高矿物质的食物，如动物肝脏、蛋、奶、新鲜蔬菜、水果等，保证摄入全面充足的营养物质。

B 劳逸结合、适当锻炼

生活一定要有规律，要进行适度运动，以保证血液的正常循环，并注意休息和平衡营养。

推荐食谱

桂圆莲子粥*

材料

糯米60克、桂圆肉10克、去心莲子20克、红枣6颗。

调料

冰糖适量。

做法

1. 莲子洗净；红枣洗净去核；糯米洗净，用清水浸泡约2小时。
2. 锅中放入莲子、糯米，加入适量水，小火煮40分钟，加入桂圆肉、红枣再熬煮15分钟，加冰糖适量，即可食用。

功效解析

此粥中糯米、桂圆、莲子、红枣都是滋阴养血之品，有温脾胃、升阳气的作用，适合低血压患者日常食疗。

咖喱牛肉*

材料

熟牛肉300克、洋葱30克、水发黑木耳25克。

调料

青豆、咖喱粉、盐、味精、料酒、白糖、植物油、鲜汤、香油、水淀粉各适量。

做法

1. 熟牛肉切成小块；洋葱去外皮，切成丁；水发黑木耳洗净，撕成小朵。
2. 炒锅中倒入植物油烧热，放入洋葱丁、咖喱粉煸炒出香味，再放入牛肉块、黑木耳、料酒、盐、白糖、鲜汤，小火烧透入味，加入青豆、味精，用水淀粉勾芡，淋上香油出锅即可。

韭菜炒羊肝

材 料

韭菜150克、鲜羊肝250克。

调 料

植物油、姜、葱、盐、味精各适量。

做法

1. 韭菜洗净，切段；姜洗净，切片；葱洗净，切段。
2. 鲜羊肝洗净，撕去筋膜，切成薄片。
3. 锅内倒油烧热，放入羊肝片翻炒，待羊肝片完全变色即放入韭菜段、葱段、姜片、盐，翻炒片刻，最后放入味精炒匀即可。

功效解析

韭菜滋阴壮阳、生血补气；羊肝补血益肝、养阴。两者同食，可滋阴补血。

回锅鲫鱼

材 料

鲫鱼500克、鸡蛋1个、蒜苗100克。

调 料

植物油、淀粉、豆瓣酱、甜面酱、酱油、味精、白糖、料酒、盐各适量。

做法

1. 鲫鱼处理干净，切块；鸡蛋磕入碗中，放淀粉搅匀成蛋糊，将鲫鱼块挂上蛋糊；蒜苗去根，洗净，切段。
2. 锅置火上，加油烧热，放鱼块小火慢煎，当两面煎至金黄时，捞出。
3. 锅内留底油，放豆瓣酱爆香，再放鲫鱼块翻炒，加甜面酱、酱油、白糖、盐、味精、料酒炒匀，放蒜苗段略炒即可。

内分泌及代谢性疾病

糖尿病

症状

糖尿病主要临床表现为糖耐量减低、高血糖、糖尿，以及多尿、多饮、多食、消瘦乏力，即三多一少。常见症状还有全身瘙痒、皮肤易感染、足部溃疡、手足有针刺及麻木感、视物模糊等，糖尿病的全身症状可引起多系统损害，出现心血管、肾、眼、神经等组织的慢性进行性病变，最终导致脏器功能缺陷或衰竭。糖尿病的发病特点是中、老年人高于年轻人，脑力劳动者高于体力劳动者，超重和肥胖者发病率较高。

病因

糖尿病是由多种病因引起的、以慢性高血糖为特征的代谢紊乱性疾病。其基本病理生理为胰岛素分泌绝对或相对不足，或作用缺陷，引起碳水化合物、脂肪、蛋白质、水和电解质的代谢异常。

辅助饮食原则和注意事项

饮食治疗是糖尿病治疗中一项重要的基础治疗，日常膳食应多加注意，最重要的是“低糖”与“低脂”。

1. 总热量的摄入量应根据病人的体重及运动量而定。每天进食的总热量由三大营养素提供，它们之间较合适的比例为碳水化合物占总热量的55%～60%，蛋白质占总热量的15%，脂肪占总热量的25%～30%。根据这个比例计算出每日应进食的各类食物量，分早、中、晚三餐进食，一般分配法是：早餐20%，中餐40%，晚餐40%，糖尿病人尤其要重视早餐。

2. 碳水化合物主要存在于粮食中，应多选择含糖较低而含纤维素较多的粗粮。粗粮既可使人有饱腹感又不致引起血糖过高，如燕麦、荞麦、小米等。不宜选择含糖分高的芋头、土豆、红薯、鲜藕、菱角等。

3. 蔬菜含糖有限，又含有维生素、无机盐和纤维素，病人可多加摄入。菠菜、油菜、芹菜、冬瓜、黄瓜、番茄等仅含糖类1%～3%，可多食用；其他如柿椒、萝卜、扁豆、胡萝卜等含糖类4%～10%，可适量食用。

4 糖尿病人一般不宜吃水果。因水果中含有果糖和葡萄糖等单糖，消化吸收快，容易使血糖升高。但是，由于水果对增强机体抵抗力、维持机体正常的生理功能和排泄功能有着极其重要的作用，因此糖尿病人在病情较轻的情况下，可适当吃些水果。但应控制摄入量并选择含糖分较低而多渣的水果，如含糖在3%以下的西瓜，含糖在12%以下的杏、杨桃、柑橘、樱桃、葡萄、苹果、梨、枇杷等。吃水果的时间应选在两餐之间，或胰岛素的作用最强和体力活动量较大的时候。

5 副食中应选择含蛋白质较多的食物，如黄豆及豆制品、瘦肉、鱼、鸡蛋、乳及乳制品。应少吃动物脂肪，因其易导致动脉硬化。

6 如糖尿病人血糖控制不好，常引发脂肪代谢紊乱，故糖尿病人必须预防血脂升高，需严格限制食用的食品有动物油脂、动物内脏、蛋黄。

7 供给充足的维生素，尤其是B族维生素，它在糖代谢中起重要作用。糙米、燕麦、大豆、玉米、洋葱、芹菜、豆腐、紫菜等富含B族维生素。

8 桂皮、丁香、姜黄和月桂叶子等调味料能激发胰岛素活性，可将其适当添加于食物中食用。

9 应忌食糖果、汽水、可乐、蜜饯及各种甜点等。忌酒类及烟。

预防糖尿病的健康细节

A 避免能量摄入过多

日常饮食应避免油腻食物，多吃富含膳食纤维的食物，如绿豆、海带、荞麦、玉米面、燕麦、高粱米、菠菜、芹菜、韭菜、豆芽等。南瓜有丰富的果胶和微量元素钴，果胶可延缓肠道对糖和脂质吸收，微量元素钴是胰岛细胞合成胰岛素所必需的微量元素，常吃南瓜有助于防治糖尿病。

B 饮食要清淡

平时饮食要清淡，烹调用油尽量选用植物油，如花生油、豆油、芝麻油、菜子油，提倡多用含单不饱和脂肪酸的油，如茶油、橄榄油。少喝酒、不吸烟。

推荐食谱

南瓜炒海米

材 料

小南瓜、鸡蛋各1个，海米30克，豆腐20克，牛奶适量。

调 料

盐、植物油、白糖、胡椒粉各适量。

做法

1. 南瓜洗净，去皮，去瓤，切片；将海米、豆腐分别洗净，豆腐切成小丁；鸡蛋打入碗内，加适量牛奶拌匀。
2. 锅置火上，倒油烧热，倒入蛋液翻炒至凝结成块，盛出；再倒油烧热，下南瓜片翻炒至熟，下海米、豆腐丁、白糖翻炒，加入炒好的鸡蛋翻匀，加盐、胡椒粉调味即可。

双茄片

材 料

番茄60克、茄子160克。

调 料

植物油、盐、葱末、姜末、蒜末、味精各适量。

做法

1. 茄子洗净，去皮，切成片备用。
2. 番茄洗净，切片备用。
3. 锅内加入适量油，烧热后放入葱末、姜末、蒜末、茄片炒片刻，再加入番茄片、盐、味精，翻炒几下，即可出锅。

功效解析

番茄有生津止渴、健胃消食、清热解毒的功效，适宜糖尿病、高血压、肾病患者食用，尤其适合糖尿病患者发热口干、暑热烦躁时食用。

清炖鱼头豆腐*

材料

大马哈鱼头1个，豆腐、青蒜各200克。

调料

葱段、姜片、醋、料酒、盐、高汤各适量。

做法

1. 青蒜洗净，切段；豆腐洗净，切片；鱼头洗净，中间劈开，备用。
2. 沙锅中放少量水，水沸后放入鱼头、醋、料酒，煮沸后放豆腐片、葱段、姜片和高汤，盖上沙锅盖焖炖，待鱼头七八成熟时放盐调味，出锅时撒入青蒜段即可。

清炒虾仁*

材料

虾仁100克、黄瓜150克、竹笋50克。

调料

植物油、蛋清、盐、味精各适量。

做法

1. 把虾仁洗净，抹干水分，加蛋清上浆备用。
2. 黄瓜洗净，切成片状；竹笋洗净，切成片状。
3. 锅置火上，倒油烧热后炒虾仁片刻，加入黄瓜片、竹笋片炒熟，加盐、味精调味即可出锅。

功效解析

本品营养丰富，可降低血液中胆固醇的含量，是适合糖尿病患者的中热量菜肴。

单纯性肥胖

症状

肥胖既被看做是一种疾病，同时也是引起慢性疾病和其他疾病状态的危险因素之一。肥胖症是一种由热量代谢障碍导致的疾病，人体摄入热量超过消耗的热量，引起体内脂肪过多堆积。一般认为超过按身高所测标准体重20%即可称为肥胖。国际公认的测量肥胖的指标是体重指数（BMI，以kg/m^2表示）BMI在25.0～29.9表示超重或肥胖前期；BMI≥30.0表示肥胖。

病因

肥胖是由于能量摄入和能量消耗长期不平衡所致。能量摄入过多和体力活动不足是造成能量不平衡的主要因素。还有其他因素如遗传因素、疾病和使用某些药物等都可能促进体重增加造成肥胖。

一般肥胖症患者平均每日各类食物摄入量的常规要求为：

各类食物日需量

鱼虾类	50克
蛋类	25克
奶类	250毫升
豆制品类	50克
谷类	150～300克
蔬菜类	≥500克
水果类	100～200克
畜禽肉类	25～50克

油脂类10～20克，个别不能满足需要的营养素，可考虑额外补充。

辅助饮食原则和注意事项

1. 减少能量摄入，可偶尔进食低脂膳食。
2. 提倡进食鱼、豆腐、脱脂奶等食品，肥胖患者还可选用红小豆、陈皮、荷叶、苦瓜、冬瓜、黄瓜、海带、黄豆芽、豆腐、海鱼、鸭肉、

特别提示 TIPS

饮食预防肥胖

饮食宜清淡少盐，主副食搭配，定时定量，少吃多餐，细嚼慢咽，避免过多进食糖类食物，尤其是糖果、饼干、甜饮料。饥饿时多吃蔬菜水果，勿食油炸及淀粉类甜食，不偏食。饭前吃个水果或喝杯水。多运动，保持心情舒畅。

莴笋等食物搭配进餐。建议生食或采用涮、煮、凉拌等烹调方法进食蔬菜；加工肉、鱼、蛋、豆制品和蔬菜等食品时，主要选用蒸、焖、烤、氽、熬、炖、涮、凉拌等烹调方法，也可以根据自己的喜好，制作一些色香味美的菜肴；烹调尽量使用植物油。

3 严格控制高脂肪食物，如肥肉、食用油、火腿肠、奶油、巧克力、花生仁、核桃仁、瓜子等；还要严格控制高胆固醇食物如动物内脏、蛋黄、鱼子等的摄入量；应尽量避免食用油炸类食品，少吃糖。

4 **尽量不吃零食，少吃甜食，吃清淡少油食物，在固定的时间和地点进食，细嚼慢咽，每日3～5餐，晚餐宜少量。**

5 无严重并发症的肥胖者，每日至少运动1小时。肥胖度较高或有较严重并发症者，应依据循序渐进原则，进行一些力所能及的体力活动，必要时应予以医护监督。

预防单纯性肥胖的健康细节

A 预防肥胖，从小做起

孕期母亲尤其在孕晚期应避免体重增长过多，以防止胎儿营养过剩；婴儿4个月前不需要加固体食物。如发现婴儿体重增加过快、有长胖趋势，应少提供粥、米粉等碳水化合物含量高的固体食物。

B 发育时期尤其注意预防肥胖

对于儿童、少年、青春期孩子要保证矿物质的充足供给。多选用含热量低而又富含蛋白质、无机盐及各种维生素的食品，如瘦肉、牛奶、鸡蛋、鱼、蔬菜、水果等。

推荐食谱

冬瓜老鸭煲

材 料

老鸭肉300克、冬瓜200克。

调 料

盐、鸡精、姜、葱各适量。

做法

1. 老鸭肉洗净，切块，放在凉水中浸泡20分钟；冬瓜洗净，去皮、瓤，切成厚片；姜洗净切片；葱洗净切段备用。
2. 老鸭肉块用沸水焯烫5分钟后，倒入汤煲中，放入姜片、葱段及适量清水，大火加热煮沸后，转小火煲90分钟，然后倒入冬瓜块，再煲30分钟，放入盐、鸡精调味即可。

拌土豆青椒丝

材 料

青椒、土豆各200克。

调 料

盐、辣椒油各适量。

做法

1. 土豆去皮，洗净，切丝，放入沸水中稍煮，捞出晾凉，沥干水分。
2. 青椒去蒂及子，洗净，切细丝。
3. 将土豆丝和青椒丝放入盆中，用适量盐、辣椒油拌匀即可。

功效解析

土豆和青椒都是很好的减肥食物，其中青椒中含有辣椒素，有助于体内脂肪燃烧。这道菜采用的烹调方法也很健康，能减少人体对脂肪的摄取。

熏干炒芹菜*

材 料

芹菜300克、熏豆腐干3块。

调 料

葱花、盐、鸡精、植物油各适量。

做法

1. 芹菜、熏豆腐干分别洗净，切成丝，将芹菜丝放入沸水中焯一下，捞出沥干水分，备用。
2. 锅内放油烧热，爆香葱花，放入熏豆腐干丝翻炒片刻，再加入鸡精、适量水。
3. 加入芹菜丝同炒至熟，并加入少许盐调味即可。

功效解析

↘芹菜富含维生素和膳食纤维，能减少人体对脂肪的吸收；豆腐干也适合肥胖者、高脂血症患者食用。

黄瓜拌绿豆芽*

材 料

黄瓜100克、绿豆芽200克。

调 料

盐、葱花、姜丝、醋、香油各适量。

做法

1. 绿豆芽去根，洗净，在沸水锅中焯熟，捞出沥干水分。
2. 黄瓜洗净，切细丝。
3. 将绿豆芽、黄瓜丝盛入盆中，撒上盐、葱花、姜丝拌匀，再浇上醋，淋适量香油，拌匀即可。

高脂血症

症状

由于脂肪代谢或转运异常，使血浆中一种或几种脂质高于正常值，这被称为高脂血症，可表现为高胆固醇血症、高甘油三酯血症，或混合型高脂血症。

病因

高脂血症可分为原发性和继发性两种。原发性属遗传性脂代谢紊乱；继发性常由控制不良的糖尿病、饮酒、甲状腺功能减退、肾病综合征、口服避孕药等导致，同时还与饮食有关，如糖类摄入过多，就会影响胰岛素分泌，加速肝脏中低密度脂蛋白的合成，易引起高甘油三酯血症。胆固醇和动物脂肪摄入过多容易导致高胆固醇血症，长期摄入过量蛋白质、脂肪、碳水化合物等也会造成高胆固醇血症。

辅助饮食原则和注意事项

1 患者应以谷类食物为主食，粗细搭配。

2 高纤维饮食可以阻止胆固醇的吸收，降低体内胆固醇的含量。燕麦、薯类等有利于高脂血症的防治。

3 多吃蔬菜、菌类与水果，因为蔬菜、水果中含有丰富的维生素及粗纤维。维生素C具有降血脂的作用，有利于降低血液黏稠度，如山楂、苹果、梨、猕猴桃、柑橘等均有一定的降脂作用。多食洋葱、大蒜、冬瓜、茄子、黄瓜、胡萝卜、芹菜、香菇等也能使血中的总胆固醇量降低。

4 海带、黄鳝、鱼类、牡蛎、蛤蜊、田螺等水产品可以降低血清甘油三酯和胆固醇水

平。高脂血症患者经常食用海鱼、海带、紫菜等海产品，可降低血脂，抑制血小板聚集，从而有利于预防和治疗动脉粥样硬化、冠心病。

5 大豆是人体必需脂肪酸的最佳来源，并且不含胆固醇，有益于心脑血管健康。不饱和脂肪酸能降低胆固醇，**大豆油脂85%都是不饱和脂肪酸，还富含人体自身不能合成的必需脂肪酸ω-6系列的亚油酸和ω-3系列的α-亚麻酸。**

6 多饮水，保持体内血液循环顺畅，有利于降低血脂。

7 适量饮茶。茶叶中含有一定量的儿茶酚，它具有增强血管柔韧性和渗透性的作用，还可预防血管硬化。适量饮茶可使血中的高密度脂蛋白降低，加强防治高胆固醇血症的作用，尤以绿茶为佳。荷叶具有减肥消脂的作用，常用荷叶泡茶饮用，可降低血脂。

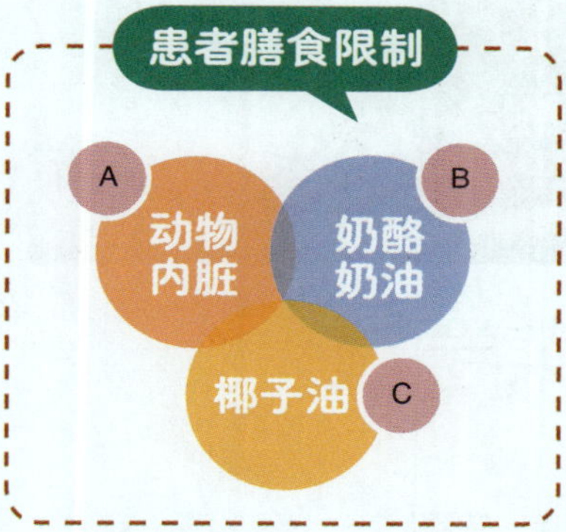

8 高血脂患者需要严格控制膳食的摄入，特别是含胆固醇很高的食品，应严格限制。

预防高脂血症的健康细节

A 限制高脂肪饮食

通过合理饮食来调节体内脂质代谢对防治高脂血症有十分重要的意义。减少动物脂肪的摄入量，饮食清淡，但不宜长期吃素，否则会造成饮食失调，反而引起内生性胆固醇增高。此外，还要限制高脂肪、高胆固醇类的饮食摄入，尽量少吃甜食、零食，平时多吃蔬菜、水果，食用油最好用豆油、花生油、菜子油，适量饮茶。

B 适当参加体力劳动

积极的体力劳动对降低血脂含量也有很好的作用。控制体重、避免肥胖是预防血脂过高的重要措施之一。

推荐食谱

荞麦菜卷*

材料

荞麦面100克，鸡蛋1个，土豆50克，青椒、红椒各1个。

调料

葱花、花椒粉、盐、味精、植物油各适量。

做法

1. 鸡蛋磕入碗内，打散；荞麦面倒入盆中，加适量水、鸡蛋液和盐拌匀成糊状；土豆去皮，洗净，切丝；青椒、红椒洗净，去蒂及子，切丝。
2. 平底锅置小火上，倒植物油烧至五成热，舀入一勺面糊，摊平，烙至两面微黄至熟，摊成荞麦饼。
3. 炒锅内倒植物油烧至七成热，加葱花和花椒粉炒香，倒入土豆丝炒至八成熟，加青椒丝、红椒丝炒熟，用盐和味精调味，盛出。
4. 荞麦饼切成正方形，卷入土豆丝和青椒丝、红椒丝即可。

虾仁炒刀豆*

材料

刀豆300克、干虾仁30克。

调料

植物油、蒜片、料酒、葱姜汁、白糖、盐、鸡精、胡椒粉、水淀粉、高汤各适量。

做法

1. 刀豆择洗净，斜切成段；虾仁洗净，去除沙线。
2. 锅内放植物油烧热，下蒜片炝香，放入干虾仁煸炒出香味后，下入白糖，烹入料酒、葱姜汁，倒入刀豆段炒匀。
3. 放入高汤、盐，炒至熟透，加鸡精、胡椒粉，用水淀粉勾芡，出锅即可。

圆白菜炝玉米

材 料

圆白菜300克、鲜玉米粒150克。

调 料

盐、味精、鲜汤、干红辣椒段、植物油、花椒各适量。

做法

1. 将玉米粒洗净，放入沸水锅中焯一下水；圆白菜洗净，切片，焯水后沥干备用。
2. 锅内倒植物油烧热，下干红辣椒段炸至棕红，下花椒炒香，倒入玉米粒、圆白菜片炝炒，加入少许鲜汤烧沸，加盐、味精调味，起锅即可。

冬菇烧白菜

材 料

白菜200克、干冬菇20克。

调 料

盐、植物油、味精各适量。

做法

1. 冬菇用温水泡发，去蒂，洗净，切成小块；白菜洗净，取帮，切成3.5厘米长的段。
2. 锅内放植物油烧热，放入白菜段炒至半熟，下冬菇块炒匀，加盐、味精和适量水，盖上锅盖，烧至菜熟即可。

功效解析

↘白菜含有丰富的维生素C，可降低体内胆固醇，增加血管弹性，有益于降低血脂，预防心血管疾病。

痛风

症状

痛风是由体内的尿酸过多，沉淀在关节里所引起的慢性疾病。临床表现主要有：高尿酸血症；反复发作的急性单关节炎，关节滑液中的白细胞内有尿酸钠晶体；痛风石主要沉积在关节内及关节周围，有时造成变形和残疾；影响肾小球、肾小管、肾间质组织和血管的痛风性肾实质病变；尿路结石。这些症状可以不同的组合方式显现。发病期，通常会出现手指、脚趾、手腕、膝盖等处关节肿胀发炎的症状，并且产生剧烈疼痛。一般而言，症状或许在几天内就会消失，但是并不表示已经痊愈，如果未尽早就医接受治疗，发病部位会加速扩散，最后会使关节严重退化变形。

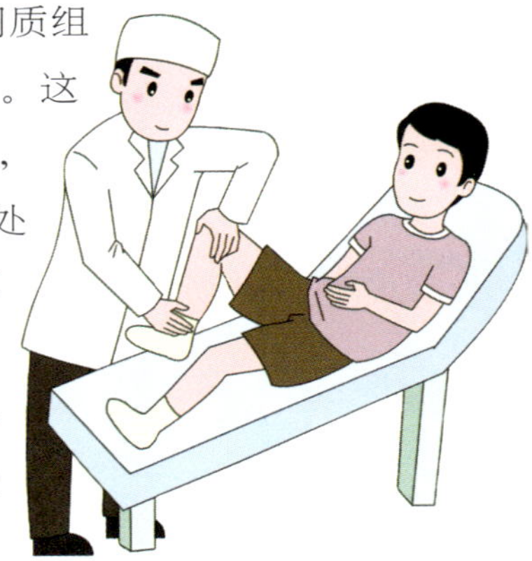

病因

痛风主要是人体内尿酸的代谢失调所致。尿酸的产生，与一种叫做“嘌呤”的化学物质有关。人体内的嘌呤，有些原本就存在于细胞核中，有些则是从食物中摄取而来的。在正常情况下，嘌呤经过肝脏酵素的作用，将其代谢之后，最后形成尿酸，再经由肾脏通过尿液将其排出体外。在嘌呤代谢的过程中，如果肝脏的酵素作用过于旺盛，生成的尿酸就会增多；或者如果肾脏的功能出现问题，尿酸的排出量减少，自然也会囤积在体内。一旦出现这种异常现象，血液中尿酸浓度就会逐渐增高，而尿酸结晶就会沉积在关节部位，导致痛风。

辅助饮食原则和注意事项

1 痛风病人都有尿酸数值增高的现象，因此，应限制含有高嘌呤的饮食。一般动物性食品，包括肉类、内脏类、海产类，都是高嘌呤食物，而植物性的香菇、芦笋、豆苗、豆芽、扁豆、龙须菜、菠菜以及乳酸饮料，含嘌呤也较高，都应少吃。牛奶和蛋类则为低嘌呤的蛋白质食物，可以成为限制饮食后的优良蛋白质来源，此外，通常各种蔬菜、水果、细粮中嘌呤含量都较低，更是应该多吃的食物。

健康关照

痛风患者应多喝白开水

痛风患者每日应饮水2000毫升以上，约8～10杯，但要少喝肉汤、鱼汤、鸡汤、火锅汤等。多喝白开水可以稀释尿酸，加速排泄，预防尿酸肾结石；肉汤、火锅汤中都含有大量嘌呤成分，会使尿酸增高。

2 肥胖者罹患痛风的概率较一般人大，因此，维持理想体重相当重要。在日常生活饮食中，对含蛋白质、糖分、脂肪较多的食品的摄入要加以控制。痛风患者减肥时，应采取渐进方式，绝对不能操之过急，因为急剧的减肥方式，会导致机体产生大量酮体，与尿酸相互竞争排出，反而会使尿酸浓度过高，导致病情恶化。

3 酒精更是诱发痛风的一大因素，因此建议痛风患者最好还是趁早戒酒；不要摄取过多的果糖，因为有增加尿酸生成的可能；大多数的补品都是蛋白质食物，通常也是高嘌呤食品，对于痛风病患者恐怕是弊大于利，应减少食用。

预防痛风的健康细节

A 膳食要讲究

应多吃蔬菜、豆制品、水果、乳制品，尽量少吃各种动物内脏、骨髓、海鲜，少饮酒，平时要进行适量运动。

B 多吃碱性食物

尿酸的溶解性与pH值相关，随着尿的pH值升高，尿酸的溶解性也增加，故应多摄入在体内最后代谢产物呈碱性的食物，如新鲜蔬菜、水果、牛奶、硬果等。

推荐食谱

桂花丝瓜

材 料

丝瓜250克。

调 料

植物油、蒜末、盐、桂花酱、水淀粉各适量。

做法

1. 将丝瓜去皮后洗净，切成段备用。
2. 炒锅烧热，放入适量油，加入蒜末略爆香后，立即放入丝瓜段，用中火翻炒，加入盐炒匀后，加盖焖3分钟。
3. 加入桂花酱略炒一下，再加入适量水淀粉勾芡，煮沸后立即熄火，盛出即可。

荸荠炒香菇

材 料

香菇200克、荸荠400克。

调 料

盐、香油、味精、水淀粉、植物油各适量。

做法

1. 将荸荠洗净，削去外皮，切片；香菇泡发后，去蒂，洗净，切片，在沸水锅内烫一下，捞出沥干。
2. 锅置火上，加植物油烧至七成热，放入香菇片煸香，加盐和荸荠片翻炒至熟，用水淀粉勾芡，淋入香油，撒入味精即可。

养生五米饭*

材 料

大米50克，黑米、小米、红豆、泰国香米各20克。

调 料

植物油、盐、鸡精各适量。

做法

1. 将红豆洗净，用温水泡5小时。
2. 大米、黑米、小米、泰国香米分别洗净，连同泡好的红豆放入电饭锅，加适量水，再放入少许植物油、盐、鸡精，蒸熟即可。

功效解析

↘用黑米做原料煮粥或饭必须煮烂，否则不仅大多数招牌营养素不能溶出，而且食后易引起急性胃肠炎，对消化功能较弱的孩子和老弱病患者更是如此。

百合炒西蓝花*

材 料

西蓝花250克、干百合100克、鲜香菇120克。

调 料

白糖、香油、胡椒粉、盐、姜片、水淀粉、植物油各适量。

做法

1. 鲜香菇洗净，去蒂，切成片；干百合择好、洗净，入沸水锅中煮约3分钟捞起，过凉，沥干。
2. 西蓝花掰为小朵，洗净后放入沸水锅中焯约1分钟，捞出沥干。
3. 锅中加入适量植物油烧热，下入姜片煸香，然后下鲜香菇片炒几下，再下入西蓝花和百合炒匀。
4. 再加入适量水、白糖、盐、胡椒粉、香油炒片刻，用水淀粉勾芡即可。

骨质疏松

症状

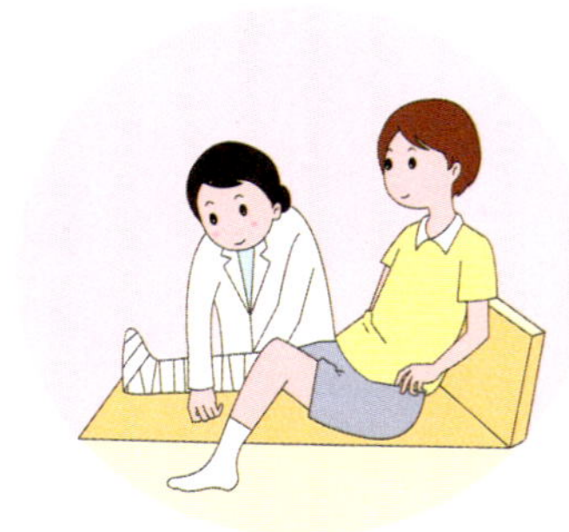

骨质疏松症是以骨组织显微结构受损，骨矿成分和骨基质等比例的不断减少，骨质变薄，骨小梁数量减少，骨脆性增加和骨折危险度升高为特征的一种全身骨代谢障碍性疾病。腰背痛是最常见的症状，患者躯干在活动时，腰背肌易产生肌肉疲劳、痉挛，并引发与肌肉相关的筋膜、腱膜或神经痛；脊柱变形，通常表现为身长缩短和驼背；骨质疏松患者即使遭受较轻微的外力作用，也易发生骨折。

病因

骨质疏松症是一种骨量降低和骨骼结构性退化，从而导致骨骼变脆和骨折危险性增加的流行性疾病。这些改变可以通过测定骨矿物质密度来间接评价。

辅助饮食原则和注意事项

1 钙摄入不足导致钙吸收减少、血中离子钙浓度的轻微下降和甲状旁腺素的分泌增加，维生素D皮肤合成和摄入不足，也会出现相同的结果。因此，持续摄入推荐量的钙和维生素D，对于获得和维持最大的骨骼健康是十分重要的。天然的维生素D来源于海鱼、蛋黄、蕈类、酵母、干菜等食物中，多晒太阳，体内也会合成维生素D。镁和锌有助于钙的吸收和利用，应在膳食中加以补充。钙主要分布于水产品、奶类、禽蛋类以及植物性食物中，以绿叶蔬菜和豆类为主。

②研究发现，低蛋白摄入量与较多的髋骨骨折存在联系。但蛋白质摄入量过高会造成尿钙过量丢失，因此应摄入适量的蛋白质。维生素C对胶原合成有利，故应多食蔬菜水果以保证摄取足量的维生素C。

③维生素K为骨骼基质蛋白——骨钙素的羟化所需要的营养素。有研究表明维生素K的亚临床缺乏可能会增加老年人骨质丢失和发生骨折的危险性。

预防骨质疏松的健康细节

A 注意补钙

平时要多食用含钙高的食品，如鱼、虾、牡蛎、海带、乳制品、骨头汤、鸡蛋、豆类、芝麻、瓜子、绿叶蔬菜等。菠菜、茭白、韭菜都含草酸较多，宜先用热水浸泡片刻以溶去草酸，以免其与含钙食品结合形成难溶的草酸钙。在普通食物中，乳制品是含钙最丰富的食品，而多摄取钙是预防骨质疏松的良方，所以多喝牛奶可预防骨质疏松。为了使牛奶中的钙成分更好地被人体吸收，应保证每天都能“晒太阳”。

B 少喝碳酸饮料

可乐中含有大量的磷酸盐，会干扰骨质的形成，平时要少喝可乐。不吸烟，少喝咖啡、浓茶及碳酸饮料，少吃糖及盐，减少钙的流失。

推荐食谱

牡蛎萝卜丝汤

材 料

白萝卜250克、牡蛎肉100克。

调 料

香菜末、葱花、姜丝、花椒粉、盐、植物油各适量。

做法

1. 白萝卜洗净，切丝；牡蛎肉洗净。
2. 锅内倒植物油烧至七成热，加葱花、姜丝、花椒粉炒香，放入萝卜丝翻炒均匀。
3. 加适量清水煮至萝卜丝八成熟，放入牡蛎肉煮熟，用盐调味，撒上香菜末即可。

芹菜拌墨鱼

材 料

墨鱼200克、芹菜100克。

调 料

蒜末、盐、鸡精、香油各适量。

做法

1. 墨鱼去除墨袋，抽去骨头，洗净，切成丝；芹菜择洗干净，切成段；芹菜段和墨鱼丝分别入沸水中焯熟，捞出，沥干水分，晾凉。
2. 取小碗，放入蒜末、盐、鸡精、香油搅拌均匀，对成调味汁。
3. 取盘，放入墨鱼丝和芹菜段，淋入调味汁拌匀即可。

芝麻带鱼*

材料

带鱼300克、芝麻20克。

调料

姜末、葱花、盐、味精、胡椒粉、白糖、料酒、辣椒油、植物油各适量。

做法

1. 带鱼洗净，斩成菱形块，加料酒、姜末、葱花腌渍入味；芝麻入净锅，用小火炒香备用。
2. 炒锅内倒植物油烧至八成热，下带鱼块炸至金黄色捞出，沥油备用。
3. 锅留底油，炒香姜末、葱花，加水煮沸，熬出味后，下入带鱼块，用盐、味精、胡椒粉、白糖调味，用中火收汁，加入辣椒油，起锅撒上芝麻即可。

海带烧黄豆*

材料

水发海带250克，黄豆50克，红椒、青椒各25克。

调料

葱花、花椒粉、盐、鸡精、水淀粉、植物油各适量。

做法

1. 水发海带洗净，切段；黄豆泡发，洗净；红椒、青椒洗净，去蒂、子，切丁。
2. 锅内倒植物油烧至七成热，加葱花和花椒粉炒香，放入海带段和黄豆翻炒均匀，加适量清水烧至黄豆熟透。
3. 倒入红椒丁、青椒丁翻炒2分钟，加盐和鸡精调味，用水淀粉勾芡即可。

缺铁性贫血

症状

贫血的常见症状有头晕、头痛、乏力、易倦、心悸、活动后气短、眼花、耳鸣等。贫血的发生是隐伏的。该病多发于妇女和儿童，患儿皮肤黏膜会逐渐苍白，以口唇、指（趾）甲床及口腔黏膜苍白最为明显，体力差、易疲乏、免疫功能低下，不活泼、不爱动，食欲减退，精神委靡，生长发育迟缓或出现行为异常，即烦躁、易怒、上课注意力不集中及学习成绩下降，有时会出现“异食癖”。

病因

体内铁储存消耗殆尽，不能满足正常红细胞生成的需要而发生贫血。贫血是缺铁的晚期阶段。

缺铁主要病因有二：

缺铁原因

- **铁摄入量减少**——因食物中铁含量不足或吸收不良，也可能是药物或胃肠疾患影响了铁的吸收。
- **体内铁丢失过多**——消化道出血，妇女月经期、分娩和哺乳期间。

辅助饮食原则和注意事项

1 多吃含铁食物，如动物肝脏、肾脏、蛋黄、黄豆，以及芝麻、海带、紫菜、发菜、香菇等黑色食物。也可用铁强化酱油烹调食物，并用铁制炊具烹调食物。

2 饮食多样、不偏食。食物中的血红素铁较非血红素铁更易被吸收，血红素铁主要来源于动物的血和脏腑；非血红素铁主要存在于植物性食物中；胃酸、维生素C及蛋白质中的胺类可以促进非血红素铁的吸收。蔬菜、谷类、茶叶中的磷酸盐、植酸、鞣酸等可影响铁的吸收，故食物的组成对铁的吸收影响较大。

3 多吃含叶酸较多的食物。叶酸在绿色新鲜蔬菜、水果、酵母（经发酵的食品）、蘑菇及动物的肝、肾中含量较高。应注意食物加热时间不可过长，以免减少叶酸的损失。

4 多吃含维生素B_{12}较多的食物。**维生素B_{12}主要存在于动物的肝脏、肾脏及瘦肉中。**

5 补充蛋白质。**蛋白质是合成血红蛋白的重要原料，对慢性消耗性疾病尤为重要，应多吃肉类、奶类、蛋类、豆类。**

6 月经过多所致的贫血患者可选用水炖阿胶、参归炖鸡，脾胃虚弱的患者可选用红枣山药糯米粥。

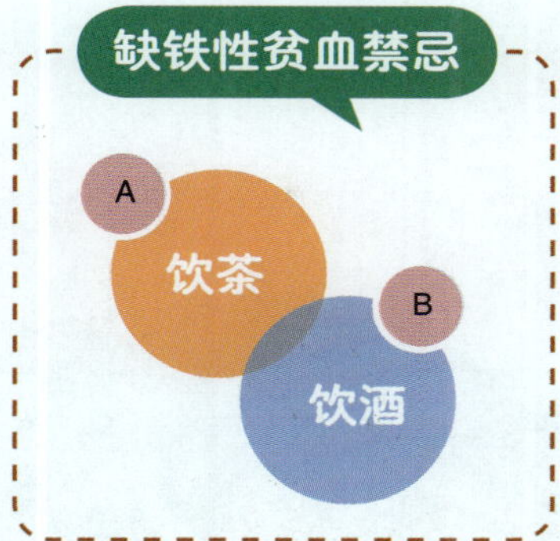

7 6个月至2岁的婴幼儿易患缺铁性贫血，妇女在妊娠及哺乳期最好能补充铁剂，孕妇每日必须吸收1～3毫克铁，食物中应每日供给20～48毫克。鼓励孕母多食富含铁的食物，每餐应有鱼、肉、肝、血等动物性食物，饭后可多吃水果或加服100～200毫克维生素C，以促进铁的吸收。提倡母乳喂养并及时添加辅食，5～6个月可添加铁强化谷物以补充铁，或喂食菜泥、蛋黄、鱼泥等，7～8个月可开始喂肝泥、肉末等富含血红素铁的食物。饭后可多吃水果等富含维生素C的食物以促进铁的吸收。

预防缺铁性贫血的健康细节

A 日常饮食注意补铁

以饮食补铁为主要预防手段。平时多吃动物内脏、瘦肉、猪肝、紫菜、木耳、豆类等。每周至少应安排1～2次动物肝脏类的食物，以保证铁元素供应，多吃红枣、桃、葡萄、龙眼等水果。

B 培养良好的饮食习惯

少饮茶，茶中的鞣酸与铁结合，使铁的吸收减少。少饮酒，长期饮酒者约有50%存在贫血症状。很多食物中都含有铁，但有些食物中的铁不易吸收，如菠菜虽含铁，但是其中的草酸易与铁结合，使铁不易被吸收。保证睡眠，避免过度劳累，有利于身体健康的恢复。

推荐食谱

猪肝炒洋葱*

材 料

洋葱100克、鲜猪肝200克。

调 料

葱花、花椒粉、盐、鸡精、料酒、水淀粉、植物油各适量。

做 法

1. 猪肝去筋膜，洗净，切片，用料酒和水淀粉腌渍15分钟；洋葱去老皮，去蒂，洗净，切丝。
2. 锅内倒植物油烧至七成热，加葱花、花椒粉炒香，放入猪肝片滑熟。
3. 放入切好的洋葱丝炒熟，用盐和鸡精调味即可。

茼蒿炒肉丝*

材 料

茼蒿250克、猪瘦肉100克。

调 料

葱花、姜丝、花椒粉、料酒、酱油、水淀粉、盐、鸡精、植物油各适量。

做 法

1. 茼蒿择洗干净，切成段；猪瘦肉洗净，切成丝，加料酒、酱油和水淀粉抓匀，腌渍15分钟。
2. 锅内倒植物油烧至七成热，加葱花、姜丝和花椒粉炒香，放入猪瘦肉丝滑熟。
3. 倒入茼蒿段炒熟，用盐和鸡精调味，用水淀粉勾芡即可。

紫菜炒鸡蛋*

材料

干紫菜30克、鸡蛋2个。

调料

葱花、盐、植物油各适量。

做法

1. 将紫菜用水泡发，洗净，撕开成丝，沥水。
2. 鸡蛋磕入碗中搅散，加盐搅匀。
3. 将炒锅置大火上，加入植物油烧至六七成热，倒入鸡蛋液，炒成小块时，加紫菜丝炒匀，加葱花、盐调味即可。

功效解析

紫菜中含有丰富的钙和铁，能改善贫血，并能强健骨骼和牙齿。

板栗烧羊肉*

材料

羊肉200克，红枣、板栗各100克。

调料

白糖、番茄酱、醋、鲜汤、淀粉、盐、香油、植物油各适量。

做法

1. 将羊肉洗净，切块，放入沸水锅中焯烫后，捞出沥水。
2. 锅置火上，加入适量植物油烧热，然后将羊肉块裹上淀粉投入油中炸熟，捞出沥油。
3. 红枣、板栗均洗净，放入清水中浸泡片刻，捞出，红枣去核，板栗去壳、衣膜，备用。
4. 锅留底油烧热，放入羊肉块、红枣、板栗、白糖、番茄酱、醋及鲜汤烧至入味，调入盐，淋入香油，出锅盛盘即可。

尿路感染

症状

尿路感染可分为上尿路感染（主要是肾盂肾炎）和下尿路感染（主要是膀胱炎），有些肾盂肾炎与急性膀胱炎临床表现极其相似，不容易鉴别，故临床上统称为尿路感染。膀胱炎主要表现为小便次数增多，小便冲动强烈，排尿时尿道有烧灼感或疼痛感，即所谓尿频、尿急、尿痛，但一般无明显的全身感染症状。

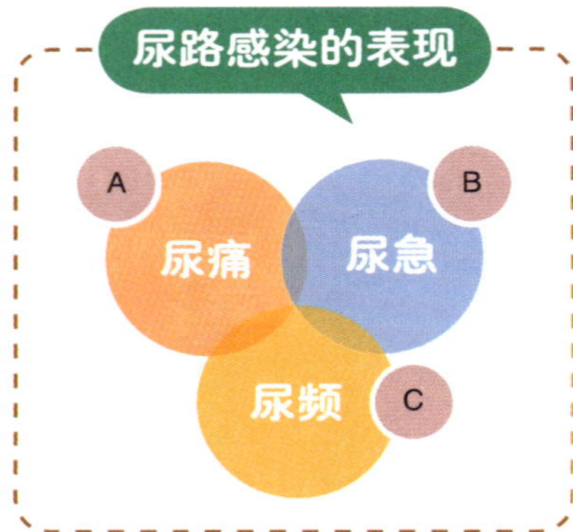

肾盂肾炎临床表现除有尿频、尿急、尿痛症状外，还可能有腰痛、肋脊角压痛、叩痛和全身感染性症状，如寒战、发热、头痛、恶心、呕吐、疲倦等。尿路感染以女性居多，未婚少女发病率低于已婚女性。

病因

尿路感染是由于尿液中存在大量的细菌所致感染，可诱发排尿时有疼痛感，进而导致膀胱和肾脏更严重的感染。

辅助饮食原则和注意事项

尿路感染容易反复发作，若能饮食上多加注意，可起到一定的预防治疗作用。

1 患了尿路感染，在饮食上应注意多吃清淡、富含水分的食物，如各种新鲜蔬菜、汤类以及各种水果，这些食物含有丰富的维生素，有利于炎症的消退和泌尿道上皮细胞的修复。维生素A能够维护黏膜的健康，增强其抵抗细菌入侵的能力，可用于肾盂肾炎的防治；食用如小白菜、胡萝卜、西蓝花等蔬菜，可以补充维生素A。维生素C能预防有害病毒的感染，增强免疫力，对防治肾盂肾炎有益；猕猴桃、草莓、橘子等水果和花菜等蔬菜中，维生素C的含量较高。钾能够利尿，西瓜、番茄、柿子、鳄梨等果品中钾的含量较多，可以适量摄入。还要多吃有清热解毒、利尿通淋作用的食物，如菊花、荠菜、马兰头、冬瓜等。

2 大蒜具有一定的杀菌作用，对尿路感染的防治有益。

3 尿路感染期间，也可选择有清热解毒作用的绿豆煮汤食用。

4 禁食葱、韭菜、蒜、胡椒、生姜等辛辣的刺激性食品，忌烟、酒，忌食温热性食物，如羊肉、狗肉、兔肉和油腻食物等。

预防尿路感染的健康细节

A 多饮水，多吃橘类水果

养成多饮水的习惯，每天饮水2000毫升以上。橘类水果中含有奎宁酸和柠檬酸之类的有机物质，具有抗菌作用，有助于消除膀胱中的细菌。有研究证明，食用越橘类水果如蔓越莓或饮用越橘汁，有预防尿路感染的功效；还有研究表明，女性每天喝一杯鲜果汁或酸奶，也可减少尿路感染的发生。

B 预防尿路感染的饮品

玉米水有利尿消炎、预防尿路感染的作用。煮时如留些玉米须，留两层青皮，则味道和效果会更好。

C 注意个人卫生

保持个人卫生特别是会阴部的清洁对预防尿路感染十分重要；保持精神愉快，防止过度疲劳也是预防尿路感染的关键措施之一；日常生活注意保暖，避免受凉。

推荐食谱

冬瓜拌番茄*

材 料

番茄200克，冬瓜、黄瓜各100克。

调 料

盐、醋、味精、芝麻酱各适量。

做法

1. 冬瓜去皮，去瓤，洗净切成片，用沸水焯透，过凉，沥干水分；番茄洗净，用沸水烫一下，去皮，切成片；黄瓜洗净，切成片。
2. 冬瓜片、番茄片、黄瓜片装盘，淋上盐、醋、味精、芝麻酱拌匀即可。

功效解析

冬瓜有清热利水、消肿解毒、利尿通淋的功效，番茄富含维生素，能预防尿道感染。此菜适合尿路感染者用于消炎解热。

菊花红枣粥*

材 料

红枣50克、大米100克、菊花20克。

调 料

冰糖适量。

做法

1. 大米淘洗干净，放清水内浸泡半小时备用；红枣洗净，放入温水中泡软；菊花洗净，沥干水分备用。
2. 锅内放入大米及泡米的水、红枣，用大火煮至沸腾后改为小火，慢慢熬至粥熟，放入菊花瓣略煮，再放入冰糖，待冰糖溶化，搅拌均匀即可。

清炒鲜菇菜花

材料

蘑菇200克、菜花150克。

调料

盐、味精、水淀粉、植物油各适量。

做法

1. 菜花洗净，掰成小朵，在沸水锅中焯烫至八成熟，捞出沥干水分备用；蘑菇去蒂洗净，切丁。
2. 锅中放适量植物油烧至七成热，下入蘑菇丁煸炒片刻，然后加入少许盐翻炒，再放入菜花炒熟，用水淀粉勾芡，加味精调味即可。

功效解析

菜花含有丰富的蛋白质、胡萝卜素和多种有益人体的矿物质和微量元素，可强肾壮骨、补脑填髓。

玉米粥

材料

玉米碎150克、山药70克。

调料

白糖适量。

做法

1. 玉米碎淘洗净，用清水浸泡30分钟。
2. 锅中放入玉米碎及适量清水，大火煮沸后，转小火熬成粥。
3. 山药削皮洗净，切成丁，放入粥内同煮至熟软。
4. 加白糖调匀即可。

急性肾炎

症状

急性肾炎病情轻重不一，轻型患者可无明显症状，偶有水肿和高血压，化验尿中可有少量蛋白质和红细胞；中度和重度患者可有水肿、高血压、腰痛、乏力、食欲缺乏、恶心、呕吐、少尿、血尿等症状，尿里出现蛋白、红细胞和管型；严重的可发生肾衰竭。

病因

本病的发生与免疫反应有关，抗体和抗原发生一系列反应造成肾小球组织的损伤。此外，某些自身免疫性疾病也可引起继发性急性肾炎。

辅助饮食原则和注意事项

1 在急性肾炎的早期，有水肿、少尿、高血压或心力衰竭时，要严格限制盐和水的摄入量。待水肿减轻，尿量、血压恢复正常后，可进行低盐饮食，每日食盐量不宜超过2克；忌食腌制食品，因为腌制品含钠盐多。炒菜时，菜熟以后再加盐，可以使用盐量更少。**每天饮水量应限制在1000毫升以内，待水肿完全消失，可逐渐过渡到正常饮水。**病人口干口渴，欲饮水时，可饮用玉米须、西瓜皮、冬瓜皮、冬瓜子熬制的水，以利水消肿。

急性肾炎 → 对于急性肾炎患者，蛋白质的摄入应根据病情而定。

- 发病初期 → 尿少、有氮质潴留者，应限制蛋白质的摄入量，每日摄入量应限制在20～30克。
- 病情好转 → 尿蛋白减少时，饮食中的蛋白质可逐渐增加至正常摄取量，同时保证机体的热能供应。

要保证机体的热能供应 → 牛奶、鸡蛋、瘦肉等食物是补充患者所需优质蛋白质的良好来源。

❷为了保证足够的热量供给，急性肾炎病人可采用高糖饮食，可食用蜂蜜、葡萄糖、甜果汁等。脂肪摄入不加限制，但以植物油为佳，为预防和治疗高血压及高脂血症，应限制进食肥肉、动物油及含胆固醇高的食物。

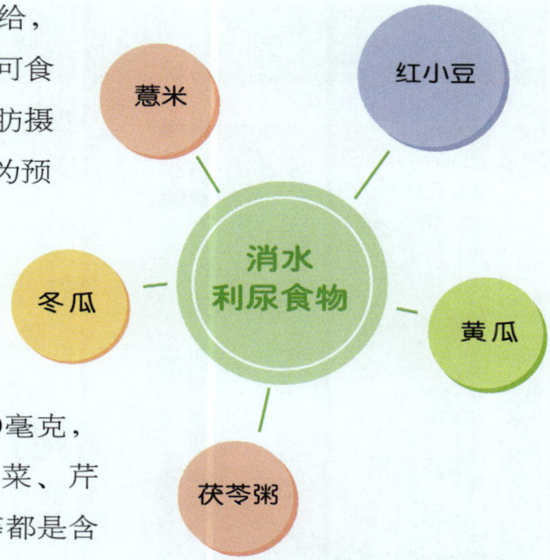

❸如患者少尿，应限制钾盐摄入，每日摄入量应少于500毫克，瘦肉、土豆、花菜、菠菜、苋菜、芹菜、蘑菇、紫菜、海带、香蕉等都是含钾食物，尿少时期须限制食用。

❹忌食辛辣刺激性食物，忌食油煎熏炸之物，忌食富含草酸的竹笋、苋菜、菠菜等，同时应限制含嘌呤高的食物，如动物的肝、肾、脑及鱼卵、小虾、沙丁鱼等。嘌呤是一种含氮的杂环化合物，无色、无味、结晶状，易溶于水。其衍生物如鸟嘌呤、腺嘌呤是核酸的重要组成部分。生物碱如咖啡碱也是嘌呤物质，某些动物的排泄物如尿酸，也属于嘌呤类化合物。长期大量食用高嘌呤食物，如动物内脏、肉类、蘑菇、扁豆等，会影响尿酸的排泄。

预防急性肾炎的健康细节

A 多吃碱性食物

控制饮食结构，避免酸性物质摄入过量，加剧酸性体质。饮食方面要多吃富含植物有机活性碱的食品，少吃肉类，多吃蔬菜。

B 必须注意的其他细节

避免高脂饮食和高蛋白质饮食，远离烟、酒。参加有氧运动，适当锻炼身体。保持良好的心态，生活要规律。

推荐食谱

红小豆白茯苓粥*

材料

白茯苓粉20克、红小豆50克、薏米100克。

调料

白糖适量。

做法

1. 红小豆洗净后浸泡约3小时；薏米洗净泡约2小时。
2. 锅中放入红小豆与薏米，加水适量大火煮沸，然后转小火继续熬煮。
3. 待粥煮至熟烂后，放入白茯苓粉稍煮片刻，加白糖调味即可。

功效解析

红小豆、薏米都是清热利水食物，可用于急慢性肾炎水肿、腹水、面浮肢肿者，有消炎化湿的功效。

绿豆薏米粥*

材料

薏米50克、绿豆20克。

调料

薄荷、冰糖各适量。

做法

1. 将薄荷洗净，加入适量清水煮30分钟，弃渣留汁备用。
2. 将绿豆、薏米洗净，用水浸泡后，绿豆用水煮至半熟。
3. 加入洗净的薏米一同煮至豆熟米烂。
4. 最后调入薄荷汁及少许冰糖即可。

玉米须饮

材 料

玉米须15克。

调 料

白糖适量。

做法

1. 玉米须用清水洗净，风干。
2. 沙锅置火上，加入适量清水，放入玉米须，用小火煎煮30分钟，再放入白糖调味即可。

功效解析

急性肾炎患者不能大量饮水，口渴时，用玉米须煮水喝可利尿消肿。另外，还可以饮用西瓜皮或冬瓜皮、冬瓜子熬的水，也有利水消肿的功效。

拌黄瓜丝

材 料

鲜嫩黄瓜3根、红椒丝适量。

调 料

盐、味精、香油各适量。

做法

1. 黄瓜洗净，去皮，切成丝。
2. 黄瓜丝放入碗内，加盐、味精、香油拌匀即可。
3. 上桌前撒上红椒丝点缀即可。

功效解析

黄瓜中含有丰富的维生素E，可起到延年益寿、抗衰老的作用；黄瓜中的黄瓜酶，有很强的生物活性，能有效促进机体代谢。

泌尿系结石

症状

尿路结石是泌尿系统产生的结石的总称。根据结石产生的部位不同，可分为肾结石、输尿管结石、膀胱结石、尿道结石等。

疼痛和血尿是泌尿系结石的两个重要症状。疼痛常突然发作，呈阵发性绞痛，可向上背部和下腹部放射。如果结石较大，活动性较小，一般表现为钝痛或者隐痛。

当结石较小而活动较多或发生梗阻时，可出现剧烈的阵发性绞痛，患者甚至会面色苍白、出汗呈虚脱状态。疼痛可从腰部沿输尿管向下放射，可持续数分钟至数十分钟或数小时，同时伴有恶心、呕吐，甚至可出现肉眼血尿。

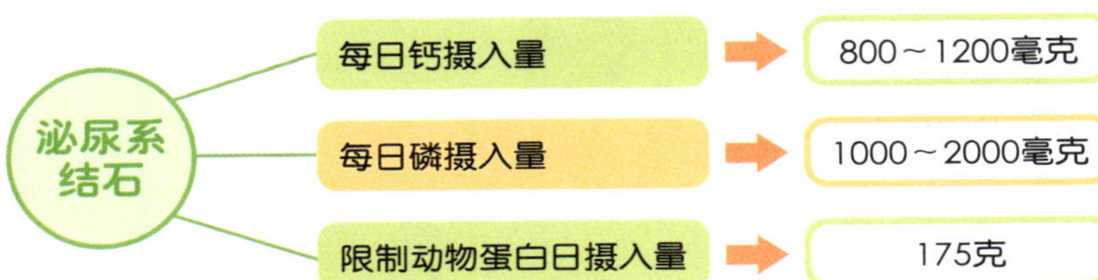

病因

尿结石的病因大致可分为两种：一种是病人机体内的某种或几种尿结石成分的尿盐晶体代谢紊乱，致使该尿盐排泄过多，使其在尿液内处于过饱和状态；第二种是非代谢性病因。

辅助饮食原则和注意事项

1 高尿钙是最常见的尿液代谢异常，但适当摄入钙，可以减少结石形成的危险性。因为食物中的钙是肠道中草酸的重要结合物，钙能减少肠道对草酸的吸收。因此，适当摄入钙可以减少结石形成的危险性。目前，推荐肾结石患者钙摄入量是每日800～1200毫克。

2 需限制磷的摄入，每日限量为1000～2000毫克。肉类、豆类、鱼贝类和粗粮中钙含量较高。对于磷酸钙或碳酸钙结石，每日要多吃酸性食品，如鱼、禽、瘦肉、蛋、细粮等。

❸ 镁有助于减少并溶解磷酸钙所形成的结石，故可用于泌尿系统结石的预防。杏仁等果仁类、海藻、大豆以及可可中含有丰富的镁。

❹ 动物蛋白的过量摄入会使尿钙和尿草酸增加，同时还会使尿枸橼酸和pH值降低。动物蛋白是促进结石形成的一个重要危险因素。动物蛋白食物可食部分每日摄入量以175克较为合适。

❺ 食物纤维能够有效地降低尿液中钙及草酸盐的含量，可预防泌尿系统结石的形成。麦麸、米麸、玉米麸中，食物纤维含量较高。

❻ 多饮水，可以增加尿量，降低尿液中各种重要成石盐类的饱和度。合理的饮水是每天不少于2000毫升。应尽量避免过多饮用咖啡因、红茶、葡萄汁和苹果汁以及可乐。推荐多喝橙汁、酸果蔓汁和柠檬水。

❼ 高钠会引起尿钙含量的增加，要限制食盐的用量，每天的食盐摄入量减少到4～5克。

❽ 钾能够促进尿液的排出，在西瓜、番茄、柿子、鳄梨等果品中，钾的含量较多，可以适量摄入。

❾ 菠菜、草莓、巧克力应少吃，因为这些食物中的草酸盐含量较高，容易与钙结合而形成肾结石。多吃碱性食物如牛奶、蔬菜、水果等。

预防泌尿系结石的健康细节

A 预防泌尿系结石需坚持“两多”

多喝白开水和多吃含纤维素丰富的食物。预防泌尿系结石，应多饮水，促使尿液排出。食物纤维的摄入可抑制泌尿系结石的发生，可减少尿草酸钙和尿酸的排泄，增加尿中结石抑制物的含量。水果、蔬菜和菌藻类食物中含纤维较多。

B 预防泌尿系结石也要坚持“两少”

少饮酒和少吃蛋白质食物。如果短时间内大量饮酒，酒在体内经代谢后成为乙酸由肾脏排泄，使尿液酸性化，极易产生尿结石。每天食入的鱼、肉、禽类、香肠等动物蛋白质食物的总量不应超过150克，尤其是应少食高嘌呤食物，如鲭鱼、猪肝、海参、鹅肉、牛肉、鱼卵和豌豆、扁豆等。

推荐食谱

红烧黄鱼

材 料

黄鱼500克。

调 料

白糖、酱油、料酒、葱末、姜末、醋、蒜末、盐、干淀粉、清汤、水淀粉、植物油各适量。

做法

1. 将黄鱼去鳞、内脏和两鳃，洗净，在鱼身两面刮刀，抹上料酒、盐腌渍片刻，用干淀粉上浆；将清汤、酱油、料酒、醋、白糖、盐、水淀粉对成料汁备用。
2. 锅置火上，倒油烧热，放入鱼煎至金黄色，捞出摆盘。
3. 锅内留底油，将葱末、姜末、蒜末放入锅中，炸出香味后倒入对好的料汁，起泡时用炸鱼的沸油冲入汁内，略炒，迅速浇到鱼上即可。

芹菜炒肉丝

材 料

猪瘦肉250克、芹菜100克。

调 料

高汤、料酒、酱油、盐、水淀粉、植物油、葱花、姜丝、味精各适量。

做法

1. 将芹菜去叶，洗净，切丝；猪瘦肉洗净，切丝，用料酒、酱油、盐、水淀粉腌渍上浆，用五成热的油炒至变色，捞出，备用。
2. 炒锅置火上，倒油烧热，放入葱花、姜丝爆香，放入芹菜丝翻炒，再加入肉丝、高汤炒匀，加入盐、味精调味即可。

西葫芦炒鸡蛋*

材 料

西葫芦200克、鸡蛋2个。

调 料

盐、葱花、植物油各适量。

做法

1. 鸡蛋打散，加盐搅匀成蛋液，炒锅倒入植物油烧热，将蛋液放入锅内炒熟备用。
2. 西葫芦洗净后，从中间切开，去瓤，切成片。
3. 炒锅中倒入植物油烧热，放入葱花炒香，下西葫芦片翻炒片刻，加盐调味，待西葫芦片炒熟时，加入鸡蛋翻炒均匀出锅即可。

功效解析

西葫芦含有维生素C、葡萄糖、钙、蛋白质、脂肪、纤维素、胡萝卜素等，具有清热利尿、除烦止渴、润肺止咳、消肿散结的功效。

奶香玉米饼*

材 料

玉米面500克，牛奶300毫升，黄豆粉、白萝卜各适量。

调 料

葱末、香菜末、盐、植物油、小苏打粉各适量。

做法

1. 白萝卜洗净切末；玉米面、黄豆粉、小苏打粉、牛奶、盐、水、葱末、香菜末、白萝卜末搅匀成稠面糊，做成饼状。
2. 平底锅中铺少许油，将面饼两面都煎一下，加盖焖熟即可。

皮肤疾病的预防与食疗

痤疮

症状

痤疮，即粉刺，又称青春痘，是青春期毛囊皮脂腺的慢性炎症性疾病，是以粉刺、丘疹、脓疮、结节、囊肿及瘢痕为特征的皮肤损害。好发于面部，尤其是前额、双颊及颏部，也见于胸、肩胛、肩背部等皮脂丰厚处，常伴有皮脂溢出。

病因

青春发育期，雄性激素分泌过多，刺激皮脂腺增大，分泌大量而黏稠的皮脂。**由于过多皮脂潴留形成粉刺，并助长细菌繁殖，使脂肪酸增多，刺激毛囊管腔角化，阻塞毛囊管，引发炎症，从而形成痤疮。**严重者，愈后留有瘢痕。痤疮的形成与过敏也有一定的关系，腥发之物常可引起过敏而导致疾病加重，同时腥发之物也常使皮脂腺的慢性炎症扩大，难以治愈。

精神因素也不可忽略。精神紧张、焦虑会造成内分泌紊乱，导致肾上腺分泌的雄性激素增多，同样可以诱发或加重青春痘。

面部不洁也是造成青春痘加重的一个因素。面部清洁程度不好，易造成毛孔堵塞，不利于皮脂流失，易引起发炎，加重青春痘的发作。

由于青春痘的发作与疗效和生活中的诸多因素有着密切的关系，因此合理安排饮食是防治痤疮的基本方法之一。

辅助饮食原则和注意事项

1 多吃富含维生素的蔬菜和水果。维生素A能促进皮肤细胞再生，并能防止毛囊过度角化，减少粉刺的发生。因此多食富含维生素A或胡萝卜素的蔬菜，如黄花菜、胡萝卜、荠菜、菠菜等，对防治青春痘非常有益。维生素E具有抗氧化作用，可防止皮肤衰老，维护皮肤的正常功能。维生素C也具有抗氧化作用，是细胞和组织生长所必需的。二者同时摄取，防治青春痘的效果更好。南瓜、红薯、花菜、菠菜等食品中，维生素E和维生素C的含量均较高。

2 类黄酮可提高人体抵抗感染的能力。荞麦粉以及柑橘类水果的薄皮中，类黄酮的含量较高。

3 适量摄入富含维生素B_2和维生素B_6的动物肝脏、瘦肉、鱼类、土豆等食品。维生素B_2能促进脂类氧化释放能量，和维生素B_6一起摄取，对粉刺的防治有一定效果。

4 **锌对酶系统和细胞的维护具有重要作用，能促进炎症消散，调节皮脂腺的分泌，改善机体免疫状态及新陈代谢，加速细胞新生及创伤的修复，使痤疮好转以至痊愈。**瘦肉、牛腿肉、动物肝脏、蛋类、鳗鱼、牡蛎等食品中含有丰富的锌。

5 多吃富含膳食纤维的食物，它能促进胃肠蠕动，加快代谢，使多余的油脂排出体外。此类食品有全麦面包、大豆和笋等。

6 忌食油脂丰富的食物。如肥肉、奶油、猪油等；忌腥发之物，如海虾、带鱼、羊肉等；忌食辛辣食物，如辣椒、生姜、桂皮等；忌食高糖类食物，如糖果、巧克力、蜜饯食物等。

预防痤疮的健康细节

A 坚持清淡饮食

饮食宜清淡，宜适当多吃（特别是维生素C含量高的）蔬菜水果，少吃或不吃辛辣刺激性食品，少吃海鲜类食品以及含香料较多的卤肉卤菜。竹笋、荷叶、红小豆、绿豆、薏米、苦瓜、西瓜、黄瓜、冬瓜、番茄、萝卜、花菜、茄子、藕、海带、百合、银耳等可适当多进食。限制高糖、高脂肪饮食，远离烟、酒、浓茶和咖啡。

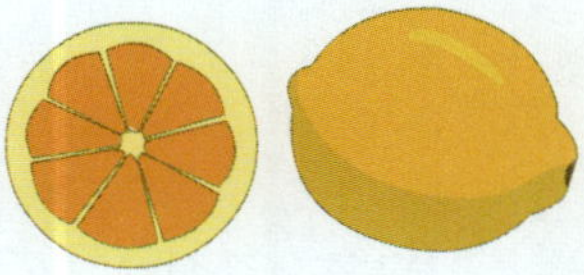

B 保证睡眠

要养成良好的作息规律，保证每天7～8小时的睡眠，保持乐观的情绪，注意皮肤清洁，积极补充水分。

推荐食谱

冬笋烩鲜菇

材 料

冬笋200克，金针菇、香菇各80克，口蘑、胡萝卜片各适量。

调 料

葱段、姜片、盐、胡椒粉、白糖、酱油、蚝油、植物油、香油、料酒各适量。

做法

1. 冬笋去壳洗净，切片；香菇、口蘑洗净切十字花纹刀；金针菇洗净备用。
2. 所有调料放入大碗中加水调匀，入微波炉高火加热5分钟，调料汁中加全部材料拌匀，再放入微波炉低火加热15分钟后取出即可。

牛肉炒胡萝卜

材 料

牛肉100克、胡萝卜250克。

调 料

酱油、植物油、盐、淀粉、葱花、姜片、料酒各适量。

做法

1. 牛肉洗净，切成丝，用淀粉、酱油、料酒腌渍入味；胡萝卜洗净，去皮，切成细丝。
2. 锅内放油烧热，下胡萝卜丝翻炒，再放盐、酱油炒匀，取出备用；锅内加油烧热，下葱花、姜片爆香，放牛肉丝快炒至熟，将胡萝卜丝放入锅中，用大火快炒片刻，加酱油、盐调味即可。

核桃仁土豆球*

材料

土豆500克、核桃仁75克。

调料

白糖、水淀粉、植物油各适量。

做法

1. 将土豆去皮洗净，上笼蒸熟，趁热捣成泥，加入水淀粉、白糖调拌均匀。
2. 调好的土豆泥分成若干份，每份压扁，包上适量核桃仁，做成土豆球。
3. 热锅热油下入土豆球炸至金黄色，出锅装盘，撒上白糖即可。

功效解析

↘核桃仁不仅能润肠通便，还有养心安神的功效，适合夏季心神不宁时食用。

黄瓜炒冬笋*

材料

冬笋200克、黄瓜100克。

调料

盐、味精、料酒、姜末、鸡汤、植物油各适量。

做法

1. 冬笋洗净，放沸水锅中煮5分钟，捞出用凉水过凉，切片；黄瓜洗净，切成与冬笋相仿的片。
2. 炒锅烧热，倒入适量植物油，煸香姜末，放入冬笋片略炒，再放入黄瓜片翻炒片刻。
3. 倒入料酒、盐、味精和鸡汤，大火翻炒几下，出锅即可。

牛皮癣

症状

牛皮癣即银屑病，主要临床体征是皮肤出现边界清楚的红斑、丘疹，表面覆有多层干燥的银白色鳞屑，刮除鳞屑后有点状出血，有不同程度的瘙痒，或有关节疼痛、发热等。牛皮癣发生在头皮时，则毛发呈束状。有时红斑上可出现大小不等的脓包，治疗不当时红斑可融连成片，以致全身皮肤潮红、红肿，大量脱屑。

病因

牛皮癣的形成与皮肤细胞过度生长、脱落有关，而造成细胞不正常生长的原因至今未明，但其发病与遗传有关，是一种多基因遗传的疾病，临床上有着显著的家庭内聚集性。

辅助饮食原则和注意事项

1 宜吃蛋类、鱼类、奶及豆制品。这类食品富含优质蛋白质，可满足机体的需求。因为牛皮癣患者天天都有大量的表皮鳞屑脱落，以致丢失过多的角蛋白，若不及时补充蛋白质，易造成低蛋白血症，使健康受损、病情加重。因此，应每天吃些鸡蛋、牛奶、鱼肉、豆腐、豆浆等。鱼类不仅营养丰富，而且富含多烯脂肪酸，是辅助治疗牛皮癣的理想食品，以清蒸食用为宜。经济不宽裕的患者，可喝豆浆、吃豆腐。

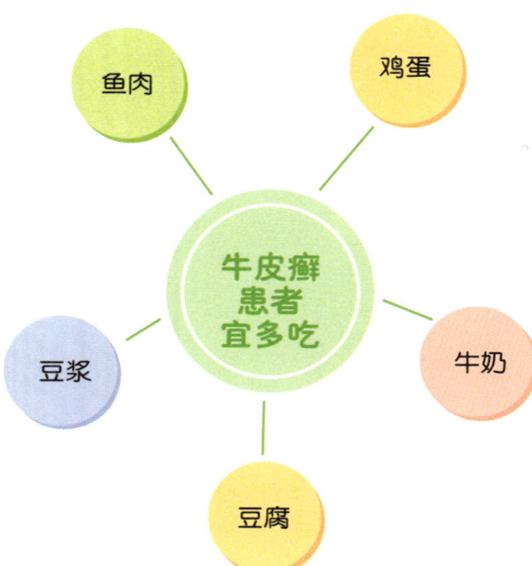

2 宜多吃粗粮。全麦面、

糙米、玉米、荞麦和燕麦等富含多种维生素、矿物质、膳食纤维，可每天变换食用。牛皮癣患者伴随有高脂血症，应常吃些荞麦或燕麦，有利于降血脂。绿豆能清热解毒、滋润肌肤，可常食用。

3 多吃富含维生素的食物，特别是富含维生素A的食物。富含维生素A的食物有：动物肝脏、鳗鱼及胡萝卜、小白菜等绿色蔬菜。维生素A是维护皮肤和黏膜健康所不可缺少的物质，可增强免疫力，促进表皮组织的修复，减慢细胞的老化，对牛皮癣的治疗很有帮助。芦笋、苦瓜、胡萝卜、油菜、苜蓿、苋菜、苹果等蔬菜和水果中含多种维生素和微量元素，**可用于缓解牛皮癣患者的瘙痒症状。不宜食用韭菜、葱、蒜等辛辣食物。**

4 硒是主要的抗氧化剂，可与谷胱甘肽共同作用消除自由基，以防止因氧化而引起的老化。另外，牛皮癣患者往往头皮屑增多，硒可减少头皮屑的生成。小麦胚芽、大蒜、洋葱、鸡肉、乳制品、动物肝脏、牛羊肉、全谷类及禽蛋类等食品中，含有较丰富的硒。

牛皮癣饮食禁忌

01 避免辛辣饮食

02 避免食用高糖

03 忌食高脂食品

04 忌食海鲜食品

05 不宜饮酒

5 宜保持心情愉悦，树立治疗信心，提高抗病能力，治愈后可多年不发。

预防牛皮癣的健康细节

A 日常饮食要注意

多吃蔬菜水果、少食油腻之物，宜预防感冒，及时治疗各种细菌病毒感染；尤其是有家族史的人，更应注意日常保健。

B 注意皮肤卫生

日常生活要注意皮肤卫生，保持皮肤毛孔的清洁，避免皮肤被真菌感染。

推荐食谱

红烧平鱼*

材 料

净平鱼2条、冬笋20克、香菇10克。

调 料

植物油、大料、姜片、酱油、盐、白糖、醋、料酒、水淀粉各适量。

做法

1. 香菇泡软，去蒂，切两半；冬笋洗净，切丁。
2. 锅内放油烧热，下平鱼略炸，捞出备用；锅中留底油，放入姜片、大料、盐、酱油、料酒、白糖、醋、水、平鱼、香菇、冬笋丁焖熟，用水淀粉勾芡出锅即可。

胡萝卜炒鸡蛋*

材 料

胡萝卜300克、鸡蛋2个。

调 料

盐、香油、植物油、葱花各适量。

做法

1. 将胡萝卜去皮洗净，切成菱形片，放入沸水锅中焯烫，捞出沥干水分备用；将鸡蛋磕入碗中打散。
2. 锅置火上，倒入植物油烧至五成热，放入葱花炝锅后，下入鸡蛋液炒成块，放入胡萝卜片、盐翻炒，淋香油出锅即可。

素炒油菜

材料

小油菜500克。

调料

蒜片、姜片、盐、鸡精、酱油、植物油各适量。

做法

1. 小油菜洗净，捞出备用。
2. 净锅倒适量油，待油温烧至四成热时下蒜片、姜片爆香；再把小油菜放进去炒一下，待小油菜微微变色时，加入盐翻炒均匀，最后淋上少许酱油，加鸡精调味，出锅装盘即可。

功效解析

油菜中含有多种维生素、粗纤维、胡萝卜素、钙、磷、铁等多种营养素，能缓解牛皮癣患者的皮肤瘙痒症状，对皮肤恢复有较大的帮助。

牛奶杏仁粥

材料

杏仁60克、大米100克。

调料

鲜牛奶、白糖各适量。

做法

1. 杏仁去胞衣，用沸水焯烫片刻后备用。
2. 大米洗净，加清水适量，大火煮沸后，改小火煲成粥，放入杏仁和牛奶，搅匀煮沸，放入白糖再次煮沸即可。

功效解析

此粥不仅营养丰富，而且富含多烯脂肪酸，能帮助牛皮癣患者缓解因丢失过多的角蛋白带来的不适，是牛皮癣患者的理想食品。

阳痿

症状

性交时阴茎不能有效地勃起致性交不满意，若老年人发生此病，乃属生理正常衰老的征象之一。阳痿病一般是随年龄增长而发生的。

病因

阳痿可由精神心理因素或器质性病变造成。

辅助饮食原则和注意事项

1 饮食要均衡，少吃动物性脂肪、油炸食品、膨化食品。

2 蛋白质含有人体活动所需的多种氨基酸，具有提高性功能和消除疲劳的作用。优质蛋白质的来源主要有禽、蛋、鱼、肉类等动物类蛋白及豆类蛋白。多吃富含维生素的食物，如绿叶蔬菜、新鲜水果。

3 有怕冷、头晕、乏力等症状的阳痿患者，宜多用一些益肾壮阳的食品，如鸡、鸽子、鹌鹑、韭菜、猪腰、鱼肚、狗肉、羊肉、羊鞭、枸杞子等，在烹饪时可加些桂皮、花椒、茴香、生姜、料酒等热性的调味品。

4 人体内锌缺乏，会引起性功能和生殖功能减退，甚至不育。动物内脏、瘦肉、牛奶、豆类中含锌丰富，可多食用。

预防阳痿的健康细节

A 均衡饮食

多摄入优质蛋白质，适量摄入脂肪，多吃富含维生素的蔬菜、水果。在日常生活中，吃一些羊肉、海参、枸杞子等对阳痿都有一定的预防作用，不能过度疲劳。

B 必须注意的其他细节

忌酗酒及饮用大量浓茶及咖啡，忌食生冷寒凉之品，忌厚腻之品。肾阳虚患者不宜食用丝瓜，丝瓜性寒凉，易伤阳气。

推荐食谱

姜附焖羊肉

材料

生姜150克、熟附子25克、羊瘦肉250克。

调料

植物油、料酒、白糖、鸡精、盐、香油各适量。

做法

1. 羊瘦肉洗净，切成片；生姜洗净，切片。
2. 锅置火上，倒入植物油烧至五成热时，放入生姜片大火炒出香味，下入切好的羊肉片，烹入料酒，加熟附子、盐、白糖翻炒，再加适量清水，大火煮沸后转小火焖煮40分钟。
3. 焖煮至肉烂汁浓时，加鸡精、香油调味后出锅。吃肉喝汤并尽量吃姜。

栗子糯米粥

材料

生栗子200克、红糯米300克。

调料

红糖适量。

做法

1. 红糯米淘洗干净，用水浸泡4小时左右；生栗子洗净。
2. 锅置火上，将生栗子放入蒸锅中，隔水蒸熟，冷却后切成小丁。
3. 净锅后，重新置火上，放入泡好的红糯米，加适量清水，大火煮沸后转小火熬煮至粥黏稠。加入蒸熟切好的栗子丁，搅拌均匀后，再熬煮20分钟，出锅，加入红糖调味即可。

荷叶乳鸽

材料

乳鸽2只、鲜荷叶1张、水发冬菇100克、火腿适量。

调料

姜片、蚝油、盐、香油、白糖、胡椒粉、水淀粉各适量，水草1根。

做法

1. 将乳鸽处理干净，斩去头、翅，鸽肉片成片；将鸽肉片和头、翅放入瓦钵内，用姜片、蚝油、盐、香油、白糖、胡椒粉及水淀粉拌匀，放于长碟中。
2. 水发冬菇、火腿切片；荷叶用沸水泡过，洗净抹干水。
3. 将鸽片、冬菇片、火腿片互相间隔，分两行排在荷叶上，鸽头、翅放上面，用水草扎紧裹成长方形，入笼中蒸15～20分钟取出，去水草即可。

双味鹌鹑

材料

鹌鹑1只，青椒、红椒各20克，生菜叶2张，鸡蛋1个。

调料

料酒、盐、酱油、白糖、味精、水淀粉、植物油各适量。

做法

1. 将鹌鹑处理干净，取腿肉，用盐、味精、酱油腌渍入味后，油炸至熟，围在盘边；盘中用洗净的生菜叶垫底。
2. 鸡蛋取蛋清；将鹌鹑胸脯肉切成丁，用盐、鸡蛋清、水淀粉上浆；青、红椒洗净切片。
3. 锅置火上烧热，放入植物油，待油温六成热时，投入鹌鹑肉丁滑油至变色，倒入漏勺沥去油。
4. 锅再上火放入油，放入青椒片、红椒片略煸，投入鹌鹑肉丁，加入料酒、盐、酱油、白糖、味精搅拌均匀，用水淀粉勾芡，起锅装盘即可。

拌芹菜黄豆*

材料

芹菜250克、黄豆30克。

调料

大料、桂皮、辣椒油、盐、味精各适量。

做法

1. 芹菜去叶，洗净，斜切成丁，入沸水锅中焯至变色，捞出过凉沥水；黄豆洗净，放清水中浸泡至稍涨，捞出沥水备用。
2. 锅置火上，倒入适量清水煮沸，放入桂皮、大料、盐、黄豆，大火煮至黄豆熟烂，捞出沥水。
3. 将芹菜丁、黄豆加味精、辣椒油拌匀即可。

功效解析

芹菜能促进人的性兴奋，在西方被称为"夫妻菜"；黄豆含有优质植物蛋白质，有补肾强身的功效，适合男性常吃。

枸杞蒸鸡*

材料

枸杞子15克、母鸡1只。

调料

葱段、姜片、清汤、盐、料酒、胡椒粉、味精各适量。

做法

1. 将母鸡宰杀，洗净，放入锅内，用沸水焯透，捞出冲洗干净，沥净水分，将盐均匀地涂抹鸡全身。
2. 将枸杞子装入鸡腹内，鸡腹部朝上，放入有盖的盆里，加入葱段、姜片、清汤、料酒、胡椒粉，将盆盖好，用湿棉纸封住盆口，上蒸锅蒸2小时。
3. 拣去姜片、葱段，再放入味精调味即可。

前列腺炎

症状

慢性前列腺炎症状表现为尿频、夜尿次数增多；排尿困难，尿流变细、尿线中断、射尿无力、排尿不尽感或尿后滴沥；可伴有血尿，一般为终末血尿，甚至引起尿潴留；会阴部、腰部及阴茎、睾丸等处坠胀隐痛，并多伴有体倦乏力、腰酸腿痛、失眠多梦等。由于尿液无法从膀胱正常排出，而造成感染，可并发前列腺炎、膀胱尿道炎、附睾炎和肾盂肾炎，并出现相关症状。严重者还可引发双侧肾积水、肾功能不全。另外因需长期增加腹压排尿，故可出现脱肛、便血、疝气、下肢静脉曲张等症状。

病因

慢性前列腺炎是由多种细菌导致的前列腺炎性病变。

辅助饮食原则和注意事项

1 应保证足够的蛋白质供给，而且应以优质蛋白质供给为主。如牛奶及其制品、鸡蛋、豆类及其制品、禽类、瘦肉类、水产类等。

2 控制脂肪、胆固醇摄入，应少用含饱和脂肪酸多的食物，如肥肉、动物油等。增加不饱和脂肪酸的摄入，选用植物油等。

3 多食新鲜水果、蔬菜、粗粮、绿豆、藕、山药、银耳、莲子、香油、蜂蜜、荸荠、甘蔗等纤维素含量高又能清火的食物，以保持大便通畅。

4 不能因尿频而减少饮水量，多饮水可稀释尿液，防止引起泌尿系感染及形成膀胱结石。饮水应以白开水、淡茶水为主，少饮碳酸饮料。

5 慢性前列腺炎以及许多疾病的发生都与氧化应激作用有关，抗氧化剂尤其是维生素E和维生素C，能够减轻氧化自由基对组织和血管系统的损伤，有助于对各类疾病进行预防和防止疾病的复发。粗粮、坚果、植物油、新鲜蔬菜和水果均可补充各类抗氧化剂。

⑥锌是人体内多种酶类的活性成分，可调节机体的免疫功能，增加前列腺局部抗感染能力。锌含量和前列腺的抗感染能力有关，锌含量降低时，前列腺对炎症的防卫机制下降，抗菌能力也下降。

⑦忌食生冷之物，如冰淇淋、冰冻饮料、冰糕、棒冰、冰镇啤酒、冰镇西瓜等。此外，如果患者长期饮酒，慢性前列腺炎的患者就不容易治愈，即使治愈也非常容易复发。

⑧患者要有积极的心态，有良好的生活习惯和适度规律的性生活，保持阴部清洁。

预防前列腺炎的健康细节

A 多饮水，保证营养素的摄取

每天喝1升开水有助于清洗尿道。人体内的钙、锌元素与生殖有密切的关系，多吃含钙食物，如乳及乳制品、豆制品、鱼虾、骨头汤等；多吃含锌食物，如花生仁、瓜子、芝麻和杏仁等可防治前列腺疾病。粗粮、蔬菜等富含纤维素的食物有助于保持大便通畅，也有助于预防前列腺炎。少抽烟少喝酒，每天骑车时间不要过长，以免压迫前列腺部位，影响血液循环。必要时每天用热水坐浴，以利血液循环。

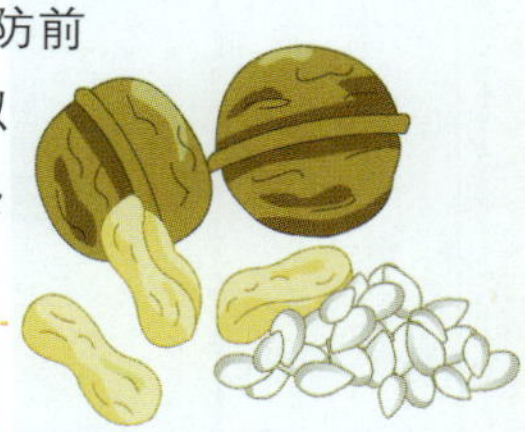

B 日常饮食避免发物和刺激性食物

平时饮食避免发物，常见的发物如雀肉、雀蛋、羊肉、狗肉、鹿肉、猪头肉、鲫鱼、南瓜、韭菜、蒜苗等。避免进食辛辣食品，如辣椒、辣油、姜、咖喱、芥末、胡椒等。

推荐食谱

山药炒甜椒*

材 料

山药300克，青柿子椒、红柿子椒各50克。

调 料

葱丝、姜丝、白糖、白醋、盐、鸡精、植物油各适量。

做法

1. 山药去皮切丝；青柿子椒、红柿子椒分别去蒂及子，洗净切丝；山药丝、青椒丝和红椒丝分别焯水，捞出过凉沥干。
2. 锅置火上，放油烧热，放入葱丝、姜丝炒香，下山药丝和青柿子椒丝、红柿子椒丝翻炒5分钟左右。
3. 加入白糖、盐、白醋、鸡精调味，加入少许清水略煮即可。

姜末藕丁*

材 料

藕200克，尖椒1个，玉米粒、豌豆各50克。

调 料

葱末、姜末、植物油、盐、香油、水淀粉各适量。

做法

1. 藕去皮洗净切丁，入水中浸泡；尖椒去蒂及子，洗净切丁，入热油锅中炒熟捞出；玉米粒、豌豆分别洗净，煮熟。
2. 锅内留底油烧热，放葱末、姜末爆香，然后放藕丁翻炒，稍后放入玉米粒、豌豆、盐、水炖煮5分钟，放入尖椒丁稍炒，用水淀粉勾芡，加香油即可。

银耳莲子粥*

材 料

银耳10克、莲子30克、糯米80克、红枣7颗。

调 料

冰糖适量。

做法

1. 银耳洗净，用温水浸泡，沥干备用。
2. 用沸水浸泡莲子至其变软为止，然后去除莲子心，沥干；红枣洗净，去核，沥干。
3. 将糯米洗净放入锅中，加适量水，搅匀，煮沸后放入银耳、莲子、红枣，搅拌均匀。
4. 再次煮沸后，放入冰糖，用小火熬至黏稠即可。

功效解析

↘莲子含有丰富的蛋白质、糖类、膳食纤维，经常食用有清热、固精、安神、强心的功效；红枣有补铁补血的功效。

滑炒鸡丁*

材 料

鸡肉500克、荸荠100克、鸡蛋1个（取蛋清）。

调 料

盐、味精、葱花、姜片、蒜片、料酒、淀粉、植物油各适量。

做法

1. 鸡肉洗净，切成斜丁，放入碗内，加盐、料酒、味精、蛋清、淀粉拌匀上浆；荸荠去皮洗净，切成丁。
2. 葱花、姜片、蒜片加入料酒、盐、淀粉、味精、水调成料汁。
3. 油锅烧热，放入鸡丁煸炒变色，加入荸荠丁同炒至熟，倒入料汁炒匀即可。

妇科疾病的预防与食疗

痛经

症状

妇女在经期前后或期间，发生下腹及腰骶部疼痛，严重者可伴有恶心呕吐、脸色苍白、出冷汗、四肢厥冷甚至昏厥等全身症状，痛经常持续数小时或1～2天，本病以青年妇女较为常见。

病因

痛经可分为原发性痛经和继发性痛经两种。原发性痛经是指从有月经开始就发生的腹痛；继发性痛经则是指行经数年或十几年后才出现的经期腹痛。两种痛经的原因不同。原发性痛经的原因为子宫口狭小、子宫发育不良或经血中带有大片的子宫内膜，后一种情况叫做膜样痛经，有时经血中含有血块，也能引起小肚子痛；继发性痛经多数是疾病造成的，例如子宫内膜异位、盆腔炎、盆腔充血等。近年来发现，子宫内膜合成前列腺素多时，也能引起痛经。

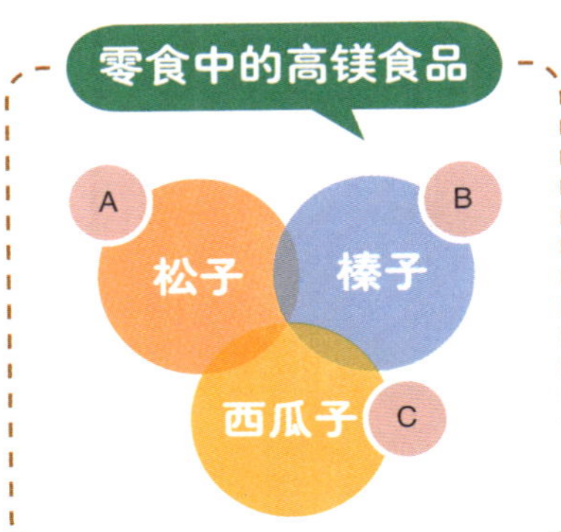

辅助饮食原则和注意事项

❶研究表明，痛经与体内缺镁有一定关系，含镁丰富的食品具体有蔬菜中的绿叶菜、茄子、萝卜等，水果中的葡萄、香蕉、柠檬、橘子等，粮食中的糙米、小米、新鲜玉米、小麦胚芽等，豆类中的黄豆、豌豆，水产中的紫菜、海参、鲍鱼、墨鱼、鲑鱼、沙丁鱼、贝类等。而脂肪类食物、富强粉、白糖中则

含镁较少，因此，多吃粗粮、蔬菜、坚果和水果，就可以有效增加镁的摄入量。

②维生素E可以改善血液循环，能够缓解月经期间的不适症状。植物油、坚果类、动物肝脏、南瓜等食物中，含有维生素E。

③如果痛经者伴有发冷、腹痛，可以喝丁香和茴香汤，可以起到温经散寒与止痛的作用。用豆腐和干鱼、生姜一起煮汤食用，也能使身体保持温暖，缓解疼痛。

④痛经患者可适当吃些带酸味的食物，如酸菜、醋，可在一定程度上起到缓解疼痛的作用。

⑤尽可能多吃蜂蜜、香蕉、芹菜、白薯，以保持大便通畅，可避免便秘诱发痛经和增加疼痛感。

⑥经期要注意保暖。避免食用辛辣刺激之物，少吃笋、白菜等性寒食物及油炸食品，避免饮酒。

预防痛经的健康细节

A 日常饮食要均衡

平时饮食要多样化，不要偏食，可经常食用具有理气活血作用的蔬菜水果，如荠菜、香菜、胡萝卜、橘子、佛手瓜、生姜等。身体虚弱、气血不足者，宜常吃补气、补血、补肝肾的食物，如鸡、鸭、鱼、鸡蛋、牛奶、动物肝肾、鱼类、豆类等。

B 日常保暖，预防痛经

日常生活中，要注意双脚至腰部的保暖，这样可以促进血液循环，月经期痛经会相应减轻。寒冷的天气，可以使用暖宝之类的药物，或者用温水泡澡，以预防月经期的痛经状况。

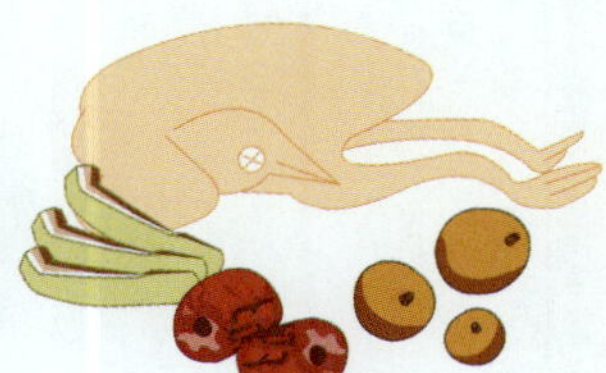

C 适度运动，防止痛经

日常运动中，可以适当做腰部运动，坐在椅子上，左右轻微扭动腰部，或者经常散步，也能预防痛经。

推荐食谱

芝麻菠菜*

材 料

菠菜300克、白芝麻50克。

调 料

酱油、味精、盐、姜汁、辣椒油、醋各适量。

做法

1. 菠菜洗净，放入沸水中焯烫，颜色变深后立即捞起，过凉，捞出沥干水分，切成长段，排入盘中备用。
2. 净锅加热，放白芝麻，转小火焙香，芝麻变黄后盛出晾凉。
3. 将酱油、味精、盐、姜汁、辣椒油、醋拌匀淋在菠菜上，再撒上白芝麻即可。

萝卜片炒猪肝*

材 料

鲜猪肝、白萝卜各250克。

调 料

植物油、盐、料酒、淀粉、葱丝、味精各适量。

做法

1. 猪肝洗净，切薄片，加盐、料酒、淀粉拌匀；白萝卜洗净，切薄片。
2. 锅中放油烧热，放白萝卜片，加盐，炒至八成熟时，盛出。
3. 锅再放油大火烧热后，倒入猪肝片，快速翻炒，然后放入白萝卜片与猪肝片同炒，加葱丝、味精拌匀，出锅即可。

芹菜香菇炒墨鱼*

材 料

干香菇15克、芹菜150克、墨鱼肉200克。

调 料

植物油、料酒、盐、味精各适量。

做法

1. 干香菇泡发，去蒂，切丝；芹菜洗净，切成段。
2. 锅中加水，煮沸后倒入料酒，将墨鱼肉煮1分钟，捞出，切丝。
3. 锅烧热，放油烧至八成热，放盐、芹菜段翻炒，然后放香菇丝、墨鱼丝翻炒，撒上味精拌匀即可。

功效解析

本菜含蛋白质、脂肪、粗纤维、钙、磷、铁以及维生素B_1、维生素B_2和烟酸等营养素，具有健体强身、消除疲劳的功效。

蜜汁山药南瓜*

材 料

小南瓜、山药各250克。

调 料

红枣、蜂蜜各适量。

做法

1. 小南瓜去皮，刮去瓤，洗净切丁；山药去皮，切丁；红枣洗净，去核，切成片。
2. 将小南瓜丁、山药丁、红枣片一同放进大碗，浇上蜂蜜和适量水，蒸10分钟即可。

功效解析

山药是平补食物，南瓜中含有丰富的维生素E和维生素A，蜂蜜能润肠通便，三者一起蒸食，可有效缓解痛经。

产后缺乳

症状

正常情况下，妇女分娩后2～3日内即开始泌乳，产后缺乳即此时乳汁分泌甚少或全无，不能满足婴儿需要。乳房松软不胀，乳汁清稀，或乳房胀硬疼痛，乳汁浓稠。

病因

引起产后缺乳的原因较多，乳腺及乳头异常或发育不全，或催乳分泌异常，皆可导致产后缺乳。但最主要的原因是母亲对哺乳缺乏热情，以及婴儿吸乳能力较弱。

有些产妇，起初乳汁能够正常分泌，但由于长期使用牛奶代替母乳喂养，也会导致泌乳减少。此时，如能及时改用母乳喂养，既能加深母婴感情，也能促进乳汁分泌。

此外，紧张、过度劳累、睡眠不足、贫血、饮食不当等原因对乳汁的正常分泌也会产生很大的影响，甚至有可能导致乳腺停止泌乳。

辅助饮食原则和注意事项

1 平衡摄取充足的营养，对乳汁的分泌有促进作用。特别是应增加蛋白质和钙的摄入，应充分摄入肉、鱼、鸡蛋、豆腐等蛋白质类食品，但要注意食物烹调方法不能太油腻，因为产妇在刚生产后的日子里，身体虚弱，胃口较差，且妈妈吃得太油腻，宝宝也会发生腹泻。钙则可以通过摄入海藻、小鱼、酸奶、青菜等含钙量高的食品加以补充。

2 能量摄入对乳汁的分泌也是必不可少的。**如果每天乳汁分泌量少于800～900毫升，就应适度提高每天摄入的能量，约比妊娠时还多。**

3 多摄入富含维生素和膳食纤维的蔬菜、水果。

4 多喝汤，如猪蹄汤，将猪蹄、花生仁和黄豆一起炖食，可补气养血、通乳，还有鲫鱼通草汤也是产后缺乳最有效的食品之一。

5 多摄取各种蔬菜、水果。婴儿产后6～8小时开始喂乳，以后每3小时喂乳1次，产妇应选择正确的喂乳姿势。加强产妇营养，使其心情舒畅，保证充足睡眠。

推荐食谱

花生煲猪蹄*

材 料

猪蹄400克、花生仁200克。

调 料

盐、鸡精、姜各适量。

做法

1. 将猪蹄刮去毛，洗净，斩成块，入沸水锅中焯去血水；花生仁用清水浸泡一会儿，去衣膜；姜洗净，去皮，切片备用。
2. 煲锅中加水大火烧沸，加入姜片、猪蹄块、花生仁，再次大火煮沸后转小火煲1小时，加盐、鸡精调味即可。

功效解析

此汤可补气养血、通乳，是治疗产后缺乳最有效的食品之一。此汤还可加入黄豆一起炖煮，效果更佳。

花生核桃猪骨汤*

材 料

花生仁50克、核桃仁20克、猪棒骨500克。

调 料

盐、鸡精各适量。

做法

1. 猪棒骨洗净，从中间敲断；核桃仁、花生仁洗净后用清水浸泡一会儿，去衣膜。
2. 锅中加适量水烧沸，放入猪棒骨焯去血沫后捞出，沥水。
3. 沙锅加适量水烧沸，加入猪棒骨、核桃仁、花生仁大火煮沸，转小火煮1小时，加盐、鸡精调味即可。

香菇鲫鱼汤*

材 料

鲫鱼400克、水发香菇100克、粉丝50克。

调 料

盐、胡椒粉、姜片、植物油各适量。

做法

1. 水发香菇洗净切块；粉丝入水泡软洗净；鲫鱼宰杀去除内脏，洗净后沥干，入热油锅中两面稍煎，盛入煲锅中。
2. 煲锅中加入适量清水，加入姜片，大火煮沸改小火后加入香菇块煮至汤呈白色，下粉丝大火煮至粉丝熟，加盐、胡椒粉调味即可。

蛋黄山药大米粥*

材 料

鸡蛋2个，山药、大米各150克，红枣4颗。

调 料

白糖适量。

做法

1. 山药去皮，洗净，切厚片；红枣洗净、去核；鸡蛋取蛋黄，放入碗内，用筷子搅散备用。
2. 大米淘洗干净，用清水浸泡30分钟备用。
3. 将红枣放入锅中，加适量水，待大火将水烧沸后再加大米、山药片，改小火熬粥至熟，起锅前再将蛋黄和白糖放入锅中并搅匀，煮沸即可。

鸡蛋炒菠菜*

材 料

菠菜350克、鸡蛋2个。

调 料

植物油、盐、葱段、姜丝各适量。

做法

1. 鸡蛋打入碗内加入盐搅散备用；菠菜择洗净，用沸水焯软，捞出过凉，切碎。
2. 锅置火上，加入油烧至五成热后，倒入鸡蛋炒熟，盛出备用。
3. 锅内留余油烧热，放葱段、姜丝炝锅，下入菠菜碎加少许盐翻炒至五成熟，然后倒入炒好的鸡蛋翻炒至熟即可。

黄花菜豆腐汤*

材 料

黄花菜60克、豆腐150克。

调 料

植物油、盐、料酒、鸡精、水淀粉、胡椒粉各适量。

做法

1. 黄花菜用清水泡发洗净，切碎；豆腐洗净，切小块。
2. 锅中倒入适量植物油烧至七成热时，加入黄花菜碎稍炒，加适量清水大火煮沸，放入豆腐块，再次煮沸后放盐、料酒稍煮。
3. 出锅前加鸡精、胡椒粉，用水淀粉勾芡即可。

更年期综合征

症状

妇女一般在45～55岁进入更年期，从生理学变化来看，妇女更年期主要是卵巢功能逐渐衰退，卵泡老化，性激素合成改变，生殖器官开始萎缩的一个转变时期。

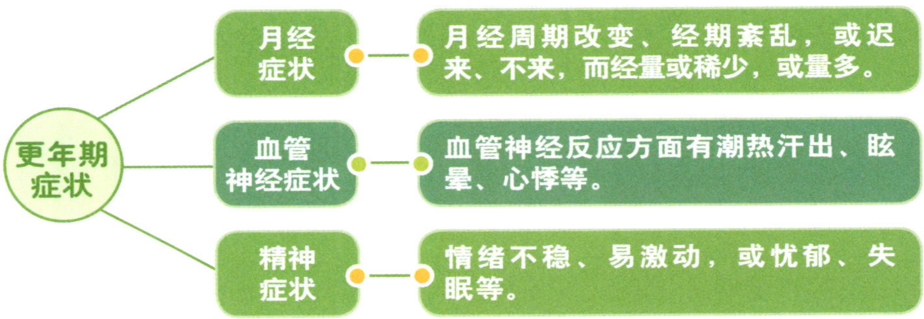

病因

更年期综合征是指妇女从生育年龄过渡到老年阶段，卵巢功能减退给机体带来的一系列改变。

辅助饮食原则和注意事项

① 多吃优质蛋白饮食，如鸡蛋、瘦肉、鱼虾、海产品等，以补充体内蛋白质的消耗。

② 在停经前往往月经频繁，经血量增多或周期延长，易出现贫血、脸色苍白、气短、头晕、全身乏力。此时应补充营养，多食富含蛋白质和铁、铜的食物，如牛奶、鸡蛋、鱼虾、瘦肉和豆制品等；蔬菜有菠菜、油菜、芹菜、番茄、胡萝卜、香菇、紫菜、海带、木耳等；果品有香蕉、杨梅、桃、苹果、橘子、山楂、红枣、桂圆、葡萄干等。以上食品不仅可以补充蛋白质和必需氨基酸，而且含有铁、铜、维生素A、维生素B_{12}、叶酸等，是治疗经血过多和缺铁性贫血的食疗佳品。

③ 更年期因骨骼中钙流失较严重，易患骨质疏松症，应注意补钙。宜多吃牛奶、豆类及豆制品（如豆浆、豆腐）、虾皮、黑木耳等含钙高

的食品；少吃含草酸较高的蔬菜如菠菜、苋菜、竹笋等，以免影响钙的吸收。

4 饮食应保证足够的B族维生素的摄入，宜多吃些粗粮（如玉米、小米、麦片等）、蘑菇、香菇、动物(如猪、羊等)的肝肾、牛奶等。

5 若为高血压患者，应低盐饮食，每日进盐量限制在3～5克，也可吃些安神、降压的食物，如酸枣、山楂、红枣、芹菜、桑葚等；若出现水肿，可吃些芹菜、冬瓜、红小豆等。芹菜含较多的钾，有一定降压作用；冬瓜、赤小豆有利尿作用，可减少水分潴留，达到降压、消肿的目的。

6 近年来，**医学研究证明植物雌性激素可平衡体内激素，改善更年期综合征，同时具有抗氧化、抗类风湿、抑制细胞的异常生长等作用。**含有雌激素样作用的食物有苹果、胡萝卜、燕麦、橄榄、土豆、大豆、茶等，其中大豆富含植物雌激素，效果最明显。

7 控制过多热量，选用低脂肪、低胆固醇饮食，多吃杂粮，如玉米面等。还可选食酸奶、香菇、大蒜、洋葱等食品，尽量少吃煎、炸、油腻食物、甜食及肥肉、动物内脏、蛋黄、鱼子、乌贼、鱿鱼等高脂肪、高胆固醇的食物。

8 更年期妇女要注意养成良好的饮食习惯，做到一日三餐定时定量进食，防止暴饮暴食。

9 补充蛋白质，要多食瘦肉、鲜鱼等。多吃富含维生素的食物，缺乏维生素B_1会导致神经细胞功能衰退。要多吃燕麦、玉米、小米等富含B族维生素的食物，以促进消化，保持大便通畅。富含维生素C的食品有番茄、茄子等新鲜蔬菜，橘子、苹果、鲜枣等新鲜水果。富含维生素E的食物有核桃、葡萄、花生仁、芝麻、植物油等，常吃可增强机体抵抗力，强化血管和神经功能，延缓衰老。每天饮用一小杯低度红葡萄酒也对身体有益，但要限制脂肪、糖类摄入，饮食应清淡。

推荐食谱

番茄虾仁*

材 料

虾仁200克、番茄300克、鸡蛋1个（取蛋清）。

调 料

盐、味精、白糖、料酒、水淀粉、姜片、植物油各适量。

做法

1. 将虾仁洗净去沙线，用盐、味精、蛋清、水淀粉腌渍入味备用；番茄洗净切片。

2. 热锅温油，下入虾仁滑熟；锅内留底油烧热，下姜片爆香，下入番茄片、虾仁、盐、白糖、料酒翻炒熟，加味精调味即可。

山楂鸡蛋糕*

材 料

山楂糕600克、鸡蛋3个（取蛋清）。

调 料

白糖100克、琼脂20克。

做法

1. 琼脂放在盆内，加水浸泡10分钟，洗净捞出，放入锅内加水煮沸，待琼脂溶化后，加入白糖，然后离火过滤，倒入锅内保温。

2. 山楂糕切成长方形薄片。

3. 鸡蛋清放入蛋糕桶内，搅打成泡沫，倒入琼脂，边倒边搅拌均匀，分成两份，一份稍凉后倒入长方盘内摊平，将山楂糕条拼齐码在上面；另一份倒在山楂糕上摊平，凉后先切成条，再切成斜块即可。

玉米油菜*

材 料

玉米粒罐头1盒、油菜200克、火腿适量。

调 料

盐、香油各适量。

做法

1. 将玉米粒用水焯熟，捞出，沥干水；火腿切丁；油菜洗净，切段，用沸水焯一下，沥干水。
2. 将玉米粒、油菜段、火腿丁放在一个大碗内，加盐、香油拌匀即可。

功效解析

玉米营养丰富，不仅含有各种维生素、矿物质与微量元素、蛋白质，还有有益人体的膳食纤维、不饱和脂肪酸和卵磷脂等，能有效缓解更年期综合征，是一种不可多得的营养食物。

木耳黄豆芽*

材 料

水发黑木耳200克、黄豆芽400克。

调 料

盐、味精、醋、酱油、香油、植物油、白糖、葱末、姜末各适量。

做法

1. 将水发黑木耳去蒂洗净，撕成小朵；黄豆芽择洗干净；将黑木耳、黄豆芽分别入沸水锅中焯水备用。
2. 热锅热油，下葱末、姜末炝锅，烹入醋、酱油、白糖，放入黑木耳、黄豆芽大火翻炒均匀，加盐炒熟，加味精调味，淋入香油即可。

蛋白质－热量营养不良

症状

轻症仅见皮下脂肪减少，肌肉松弛；重症则各内脏萎缩，全身各系统器官均发生病理性改变。病初主要表现为体重不增，继之出现体重减轻直至消瘦。皮下脂肪消减的顺序先在腹部，其次为胸、背、腰部，然后上肢、下肢、腿部，最后额、颈、颏及面颊部。皮下脂肪减少和消失以及全身各器官系统不同程度的功能紊乱。最初婴儿多烦睡，睡眠不安，继之转为表情淡漠，食欲减退，常伴呕吐或腹泻，免疫力低下。

病因

婴儿出生即无母乳或母乳不足，又未能合理地采用人工喂养，如乳汁配制过稀、摄入量不足，致使供给的热量及营养物质长期不能满足小儿生理的需要。偏食挑食等不良饮食行为也可引起热量、蛋白质摄入不足而导致营养不良，早产、小样儿等低出生体重儿喂养不当，更易发生营养不良。此外，疾病易造成食物摄入、吸收困难或消耗增多，也是引起营养不良的常见病因。因疾病而引起的营养不良，小儿最易患呼吸道感染和腹泻，特别是腹泻，除了丢失水分外，还直接影响各种营养素的消化吸收。疾病易造成食物摄入、吸收困难或消耗增多，也是引起营养不良的常见原因。

辅助饮食原则和注意事项

由于病儿对脂肪的耐受力较低，一般先用脱脂奶粉，逐渐过渡至全脂奶粉。待病儿营养状况好转，体重增加到接近正常时可恢复至推荐摄入量水平。同时还要补充维生素和微量元素，维生素A可较早一次性补充5000 U。尽量保证每个婴儿出生后头4～6个月纯母乳喂养，并按需喂养。还要及时添加辅助食品，教育母亲保证小儿有充足的热量摄入，也可以通过增加进食次数来实现，根据小儿年龄保证每日4～5次用餐，定期测量体重，及早发现体重变化，预防营养不良的发生。

推荐食谱

鱼肉泥*

材 料

鱼肉50克。

做法

1. 将鱼肉洗净后入沸水中焯烫，剥去鱼皮。
2. 将鱼肉研碎，然后用干净的纱布包起来，挤去水分，备用。
3. 将鱼肉放入锅内，加入适量沸水，大火熬10分钟至鱼肉软烂即可。

功效解析

鱼肉富含优质蛋白质，适合6个月以上的宝宝食用，能帮助宝宝的脑部发育。

小米粥*

材 料

小米30克。

做法

1. 将小米用水淘洗干净。
2. 锅置火上，把洗净的小米和适量清水放入锅内，用大火煮沸，再转小火煮25分钟，将粥熬至黏稠即可。

功效解析

小米有补脾、清热止渴、养胃安眠的作用，还可提供丰富的维生素B_1，煮粥食用，更有利于营养的吸收。

米汤*

材 料

大米50克。

做法

1. 将大米洗净，用水浸泡1小时。
2. 锅置火上，放入大米和水，用大火煮20分钟至熟烂，撇取米汤即可。

功效解析

↘米汤中含有大量的维生素B_1、维生素B_2、烟酸以及磷、铁等营养素，还有一定的糖类及脂肪等营养素，有助于宝宝消化。

蛋黄泥*

材 料

新鲜鸡蛋1个。

做法

1. 将整个鸡蛋放入沸水中煮熟，剥壳后取出1/4蛋黄用汤匙压碎成泥。
2. 可将蛋黄泥溶解于温开水中或者米粉糊中，这样更容易吞咽。

贴心提示

↘妈妈应该注意，要根据宝宝的消化力及营养需要，逐渐增加辅食品种。先试一种，待1星期左右宝宝适应后，再添加另外一种。量由少到多，由淡到浓。如果遇到天气太热，宝宝易患消化不良，可暂缓添加新食品，待天气稍凉再逐渐添加。

香蕉粥*

材 料

香蕉100克。

调 料

奶粉适量。

做法

1. 香蕉去皮后，用勺子背面压成糊状。
2. 把香蕉糊放入锅内，加入奶粉和适量温水混合均匀。
3. 锅置火上，倒入香蕉牛奶糊，边煮边搅拌，5分钟后停火即可。

功效解析

↘香蕉粥含有多种微量元素和维生素，其中维生素A含量丰富，能促进宝宝成长，增强宝宝对疾病的抵抗能力，促进食欲，助消化。

三鲜蛋羹*

材 料

鸡蛋50克，基围虾100克，猪肉、蘑菇各适量。

调 料

葱、姜、盐、植物油各适量。

做法

1. 将虾洗净，剥壳，去除沙线，剁成泥；猪肉洗净，切成末；蘑菇、葱、姜分别洗净，切成末。
2. 将虾泥、猪肉末和葱姜末混合在一个碗里，顺着一个方向搅拌均匀。
3. 锅置火上，放油烧热，将拌好的虾泥、肉末炒熟；锅放底油，将蘑菇末翻炒至熟。
4. 鸡蛋打散，搅拌成蛋液，再加清水、盐以及炒好的虾泥、肉末、蘑菇末搅拌均匀后，上锅蒸5~8分钟至熟即可。

小儿腹泻

症状

婴儿期腹泻多为水样便或蛋花汤样便，有急性和慢性之分。本病是小儿时期发病率较高的疾病之一，尤以2岁以下的婴幼儿常见，年龄越小，发病率越高，且以夏秋季最为常见。

病因

急性腹泻时，由于婴儿水代谢旺盛，很容易导致脱水，重症可致命。婴儿腹泻的病因很多，可由肠道内或肠道外感染、饮食不当及气候改变等引起。但重型腹泻多为肠道内感染引起，其病原体多为轮状病毒、致病性大肠杆菌、耶尔森菌、空肠弯曲菌，少数由真菌、金黄色葡萄球菌等。

From 专家

∷病程超过2个月称为慢性腹泻，其中部分病儿是急性腹泻后特别是轮状病毒及其他病毒感染后发生的。菌群紊乱、牛奶过敏及免疫缺陷引起肠道梨形鞭毛虫感染，也可导致慢性腹泻。

慢性腹泻易导致营养不良，而营养不良又会影响肠道功能恢复。

辅助饮食原则和注意事项

1 腹泻期间的饮食需适应患儿的消化吸收功能，过早给患儿高热量饮食，有时会使腹泻加重。小儿患病期间胃肠道抵抗力较差，防御功能弱，进食过多的高蛋白、高脂肪食物不利于其消化吸收，不利于疾病的康复，一定要合理安排饮食。可参考病儿食欲及腹泻情况，采取循序渐进的恢复原则。

2 如为婴儿开始补充辅食不久，此时可先停止辅食补充，采用母乳喂养。如食用配方奶粉，可先给予1/2稀释奶，渐增至全奶；平时已进食固体或半固体饮食的患儿，可由稀粥、米粉等开始，渐改为较浓的饮食，食量也可由少量逐渐增多。

3 少数轻症患儿在脱水得到纠正后，即可恢复平时饮食。腹泻患儿开始进食后，即使粪便量有所增加，但仍可通过补液补充水分丢失，只要有食欲，就可继续喂养。腹泻明显加重，又引起较重脱水及腹胀者，则应立即减少饮食。根据患儿机体在腹泻时大量丢失水分的特点,宜增加流质饮食的摄入，如牛奶、藕粉、菜汁、果汁、鸡蛋汤、软面和稀粥等，这些食物不可放凉后食用，否则会加重病情。

4 饮食中适当添加一些水果和蔬菜，**如番茄、胡萝卜、土豆、茄子、黄瓜、柑橘等，不仅能够补充丰富的维生素C、B族维生素，而且还能起到止泻、收敛作用，还可增加体内津液。**鸡蛋羹摄入后也有收敛作用，并可保护胃肠黏膜和溃疡面。

5 患儿病情得到控制开始恢复正常进食时，要从流质到半流质，再到软饭逐渐过渡，要注意少食多餐。

6 婴儿出生后最初数月内应以母乳喂养，因为母乳最适合婴儿的营养需要和消化能力。母乳中含有小儿所需的多种消化酶和抗体，各种营养成分都非常适合幼儿消化和吸收。应注意正确的喂养方法，做到定时哺乳，避免在夏季及小儿有病时断奶。母乳喂养可预防小儿腹泻。

预防小儿腹泻的健康细节

A 人工喂养要注意

母乳不足或缺少母乳的情况下可采取混合喂养及人工喂养，但应注意饮食调配，不宜过多或过早喂给婴儿米糊、粥类等食品，以免发生碳水化合物消化不良及影响小儿生长发育。初出生至3个月内婴儿母乳不足的，可用配方奶粉补充。

B 适时添加辅食

适时添加辅食。应先试用一种，先用小量，过3～4日或1周后，如无不良反应可增加辅食的量，几天后再添加另一种辅食。

C 增强小儿的环境适应能力

平时应增加户外活动，提高小儿对自然环境的适应能力；让小儿参与体格锻炼，增强体质，提高机体抵抗力，避免感染各种疾病；防止小儿过度疲劳、惊吓或精神过度紧张。

推荐食谱

莲藕粥

材 料

藕250克、大米100克。

调 料

白糖适量。

做法

1. 藕用清水洗净，去皮，切薄片；大米洗净，用清水泡半小时。
2. 沙锅置火上，加入适量清水，放入藕片、大米煮粥。
3. 粥熟后，加入白糖搅匀即可（可用颜色鲜艳的橘皮切丝做装饰，增强宝宝食欲）。

栗子山药姜枣粥

材 料

栗子、红枣各30克，山药60克，生姜6克，大米100克。

调 料

红糖适量。

做法

1. 栗子剥壳去衣膜，洗净；红枣洗净，去核；山药洗净，去皮，切块；生姜洗净，切片；大米用清水洗净。
2. 煲锅置火上，加入适量清水，放入栗子肉、红枣、山药块、生姜片、大米煮成粥。
3. 粥成后加入红糖搅匀即可。

乌梅粥*

材料
乌梅10～15克，大米30～60克。

调料
冰糖适量。

做法
1. 乌梅用清水洗净；大米洗净。
2. 沙锅置火上，加入适量清水，放入乌梅煎汁。
3. 待汁变浓时，加入大米煮粥。
4. 粥成后加入适量冰糖，再煮2分钟关火即可。

功效解析

↘乌梅对多种致病菌有抑制作用，如痢疾杆菌、大肠杆菌、伤寒杆菌等，对细菌引起的腹泻有抑制作用。

栗子粥*

材料
栗子15克、大米60克。

调料
白糖适量。

做法
1. 栗子剥壳去皮，风干后研成粉或用搅拌机打成粉；大米洗净。
2. 煲锅置火上，加入适量清水，放入大米，煮沸后加栗子粉，再用小火煮。
3. 待粥将熟时，加入白糖调味即可。

功效解析

↘此粥能为宝宝提供丰富的蛋白质、脂肪、B族维生素等多种营养成分，而且香气袭人，酥糯香甜，宝宝一定喜欢。

维生素D缺乏性佝偻病

症状

佝偻病冬季患病率最高。一般神经精神症状出现最早，如易被激怒，睡眠不宁，烦躁、多哭、夜惊、多汗、枕秃，继而出现生长中的骨骼改变，**严重者可出现罗圈腿、X形腿、驼背、鸡胸等，同时伴有肌肉松弛，生长迟滞，免疫力低下等。**

病因

由于维生素D不足，使体内钙、磷代谢异常，钙盐不能正常地沉着在骨骼的生长部分，以致骨骼发生病变，影响胎儿、婴儿及儿童健康生长。佝偻病包括先天性佝偻病和迟发型佝偻病。

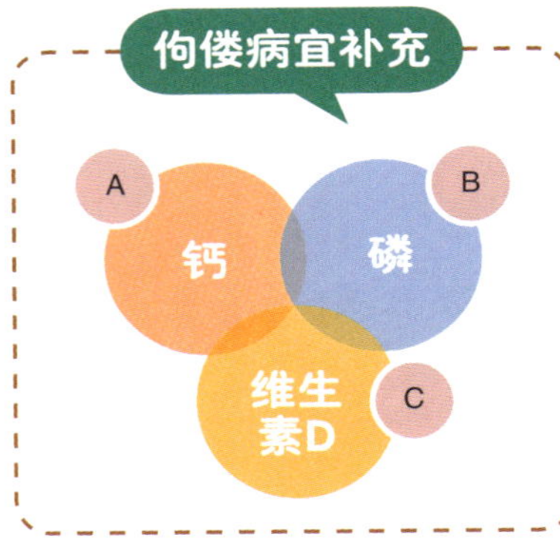

辅助饮食原则和注意事项

佝偻病可通过药物、膳食补充钙、磷及维生素D达到治疗目的。对钙和维生素D需要量大的婴幼儿，应及时补充鱼肝油、动物肝脏、蛋黄、鱼类和禽蛋类等食物，并多晒太阳。奶及奶制品是钙的最好来源，蔬菜、豆类和油料种子含钙也较多。

预防维生素D缺乏性佝偻病的健康细节

A 及早预防

鼓励孕妇增加户外活动，多晒太阳，饮食多样化，多食维生素D及钙含量丰富的食物，如妊娠期反应重或不喜吃牛奶、肉、蛋类等食物时应给予维生素D和钙剂的补充。

B 尽量母乳喂养，及时添加辅食

母乳中含钙、磷的比例适宜，有利于婴儿对钙的吸收。尽量保证母乳喂养，及时添加辅食。

推荐食谱

牛奶土豆泥*

材 料

土豆1个、牛奶250毫升。

调 料

白糖适量。

做法

1. 土豆用水洗净，去皮，切小块备用。
2. 煲锅置火上，加入适量清水，放入土豆煮30分钟，捞出，用勺子碾压成泥。
3. 另起锅，将牛奶倒入煮沸，再倒入土豆泥中，加入白糖搅成糊状即可。

贴心提示

↘宝宝在喝牛奶前后1小时内不宜吃橘子，这是因为牛奶中的蛋白质会与橘子中的果酸发生凝固，从而影响对牛奶的消化与吸收。

芝麻杏仁糊*

材 料

黑芝麻、大米各30克，甜杏仁10克。

调 料

白糖适量。

做法

1. 黑芝麻、大米去除杂质，洗净，用清水浸泡至软，捞出沥干，研磨成末或用搅拌机打碎。
2. 杏仁洗净，晾干，研成末或用搅拌机打成细末。
3. 将杏仁末放入芝麻米末中，用沸水冲成稠糊状，加入白糖搅匀即可。

排骨黄豆粥*

材 料

猪排骨150克，黄豆、大米各50克。

调 料

盐、葱段、姜片各适量。

做法

1. 猪排骨洗净，剁成块；黄豆去杂质，洗净，用凉水泡发透；大米淘洗干净，用清水浸泡1小时左右。

2. 煲锅置火上，加入适量清水，放入黄豆大火煮沸，转用小火煨30分钟。

3. 放入排骨块、葱段、姜片、盐煮沸，加入大米煨煮，待排骨块、黄豆熟烂后，拣出葱段、姜片即可。

牛奶蛋黄青菜泥*

材 料

鸡蛋1个、热牛奶50毫升。

调 料

青菜汁、盐、米汤各适量。

做法

1. 鸡蛋洗净，放入凉水锅内中火煮熟，捞出剥壳，去蛋白，留蛋黄。

2. 煲锅置火上，加适量水，放入鸡蛋黄、热牛奶、青菜汁、米汤、盐，煮沸，搅匀调成糊状即可。

功效解析

↘牛奶是钙的最好来源之一，鸡蛋、青菜也是钙的较好来源，此菜泥有助于宝宝补钙。

山药虾仁粥*

材 料

大米、虾仁各100克，山药300克。

调 料

盐、胡椒粉、葱末各适量。

做法

1. 大米用清水洗净；山药洗净，去皮，切小丁；虾仁去沙线，洗净备用。
2. 煲锅置火上，加入适量清水煮沸，放入大米、山药丁、虾仁大火煮沸，改用小火熬煮30分钟。
3. 放入盐、胡椒粉、葱末拌匀稍煮片刻即可。

功效解析

↘山药健脾益气，可以增强宝宝消化功能，促进宝宝食欲；虾仁含有丰富的钙，能帮助宝宝预防佝偻病。

虾酱豆腐*

材 料

南豆腐250克。

调 料

植物油、虾酱、盐、葱花、香菜末、香油各适量。

做法

1. 南豆腐洗净，放入沸水锅中煮约3分钟，捞出晾凉，碾碎。
2. 炒锅置火上，倒入适量油，放入虾酱、葱花煸炒，再放入豆腐末大火快炒3分钟，放盐调味。
3. 待豆腐碎炒至干松后，撒入香菜末和葱花，淋少许香油即可。

假性近视

症状

近视是由于角膜和视网膜之间的距离增大，相当于眼睛晶状体的水晶体折射能力过强，以致眼睛调节功能出现异常，看远处的物体时，物像出现在视网膜的前面。

病因

儿童眼睛睫状肌很有弹力，能够灵敏地调节水晶体折射率。**如果长期不注意用眼卫生，过度使用眼睛，就会使睫状肌长期处于紧张状态，从而引发近视，即假性近视。**

在很多情况下，假性近视和真性近视会同时存在。随着年龄的增长，假性近视也有可能变成真性近视。另外，营养不良、微量元素的缺乏等，也与近视的发生有一定关系，所以平时应注意补充一些对视力有益的食品。

辅助饮食原则和注意事项

1. 应适当增加鱼、蛋、奶和瘦肉的摄入。
2. 机体缺铬，会引起机体血液渗透压的改变，进而导致眼睛晶状

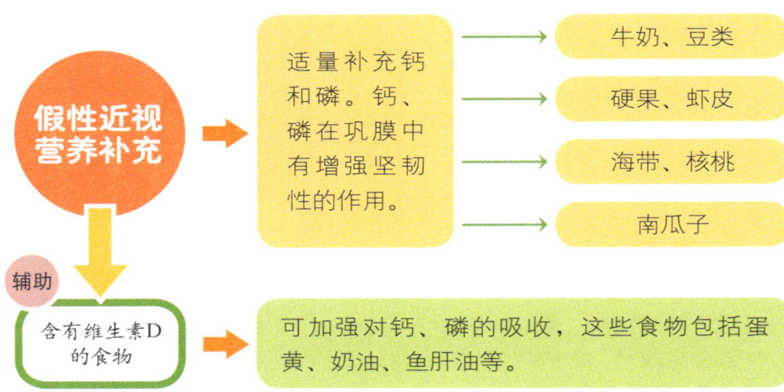

体渗透压的变化，使晶状体变凸，屈光度增加，形成近视。处于生长发育旺盛时期的青少年，铬的需求量比成年人大，铬主要存在于粗粮、红糖、蘑菇、香菇、木耳、葡萄等食物中。

③多食用富含牛磺酸的食物。贝类、墨鱼、章鱼等食物中，牛磺酸的含量较高。

④维生素A是构成感光物质的重要成分。应多食用动物肝脏、牛奶、蛋、胡萝卜、南瓜、动物肝脏等富含维生素A和胡萝卜素的食物。

⑤维生素B_1和维生素B_{12}可以保护视神经，从而起到预防近视的作用。猪肉、鳗鱼、豆制品、果仁类食品中含有维生素B_1，而维生素B_{12}在蛤子、动物肝脏中含量较高。

⑥因糖分在体内代谢需要大量维生素B_1，如果含糖食品摄取过多维生素B_1就会显得不足。而且，过多摄取糖分也会减少体内的钙质，这会使眼球壁弹力减弱，使近视眼进一步恶化。因此，眼睛近视的人不宜多吃甜食。少食大蒜、辣椒、生姜。

预防假性近视的健康细节

A 少吃糖，多吃硬质食物

比较适合的硬质食物有胡萝卜、水果、甘蓝、动物骨骼、豆类等。这些食物既耐吃，又富含养分，特别值得推荐。

B 适当补钙

多食用含钙丰富的食物，如牛奶、豆制品、鱼虾、动物骨骼等，还应注意搭配动物的肝脏、蛋黄、绿色蔬菜等富含维生素D的食物，以增加钙的吸收与利用。

C 预防近视的食物

食用鸡肝和黑木耳，可预防近视。栗子和枸杞子熬成羹食用，有利于防治近视眼。

推荐食谱

黄豆焖鸡翅

材 料

鸡翅250克，黄豆、水发海带、胡萝卜各50克。

调 料

葱段、姜片、花椒水、姜汁、盐、植物油各适量。

做 法

1. 鸡翅洗净，用花椒水、姜汁、盐、葱段、姜片腌渍入味；黄豆泡涨洗净；海带洗净，切丝；胡萝卜洗净，切片。
2. 将黄豆、海带丝加葱段、姜片煮熟备用。
3. 油锅烧热，下入鸡翅，翻炒至变色，加入黄豆、海带丝、胡萝卜片及适量水、盐，大火烧沸后转小火焖至熟透即可。

玻璃核桃

材 料

去皮核桃仁250克。

调 料

白糖、植物油各适量。

做 法

1. 核桃仁放入沸水锅中焯一下，捞出沥水。
2. 油锅烧至四成热时，放入核桃仁炸至漂起时捞出，沥油。
3. 锅内留底油，烧至五成热时放入白糖边炒边搅动；待糖溶化起小泡时，倒入核桃仁，翻炒拌匀，使糖均匀裹在核桃仁上，随即倒在盘中用筷子逐个拨开，晾凉即可。

牛奶炖花生

材料

花生仁100克、枸杞子20克、银耳30克、牛奶1500毫升。

调料

冰糖适量。

做法

1. 将银耳泡发，去蒂洗净撕成小朵；枸杞子、花生仁洗净。
2. 锅置火上加入水煮沸，放入银耳、枸杞子、花生仁、冰糖，熬煮至花生仁烂熟，加入牛奶稍煮即可。

功效解析

花生的营养价值比粮食高，可与鸡蛋、牛奶、肉类等媲美，有助于益寿延年，被称为“长生果”。

海带排骨黄豆汤

材料

海带结、猪排骨、黄豆各适量。

调料

姜丝、盐、味精各适量。

做法

1. 将海带结和黄豆洗净，用清水浸泡30分钟后，捞出沥水备用；排骨入沸水锅，稍焯烫后捞出，冲净浮沫备用。
2. 将排骨置于锅内，加清水煮沸后将海带结、黄豆、姜丝放入，再煮沸。
3. 转成小火，加盐调味，再继续煮20分钟，加味精调味即可。

功效解析

海带能为人体提供钙、碘、铜、硒等多种微量元素，黄豆则富含多种维生素、卵磷脂等营养素，此汤有增强巩膜坚韧性，可有效防治假性近视。

健康大讲堂 | 02

不生病的饮食智慧

- 文字编撰　王丽娟　王　波　于　波
- 美术编辑　王道琴　吴金周
- 插图绘制　郑州传易卡通
- 摄　　影　于　笑　肖　亮　刘志刚
- 菜肴制作　百年荣记饮食文化发展有限公司